개정 인간과 동물

김옥진 · 손용석 · 손장호 · 송해범 · 안종호
이주삼 · 전우민 · 조익환 · 최창본 공저

선 진 문 화 사

저 자 소 개

김옥진

서울대학교 수의학과 졸업
서울대학교 수의병리학 전공(수의학박사)
현재 : 원광대학교 생명자원과학대학 교수
저서 : 동물질병학, 동물공중보건위생학 등

손장호

대구대학교 축산학과 졸업
일본 신슈우대학 가축영양학 전공(농학박사)
현재 : 대구교육대학교 교수

손용석

고려대학교 축산학과 졸업
독일 괴팅겐대학교 가축영양학 전공(농학박사)
현재 : 고려대학교 생명과학대학 교수
저서 : 반추동물영약학, 가축영양학 등

송해범

고려대학교 축산학과 졸업
일본 쿄오또오대학 가축번식학 전공(농학박사)
현재 : 대구대학교 생명환경대학 동물자원학과 교수
저서 : 돈육생산학, WTO체제를 이기는 흑염소 등

안종호

건국대학교 사료학과 졸업
일호주 퀸스랜드대학 가축영양학 전공(농학박사)
현재 : 한경대학교 농업생명과학대학 낙농과학과 교수
저서 : 낙농학개론, 한우 등

이주삼

건국대학교 사료학과 졸업
일본 북해도대학 초지학 전공(농학박사)
현재 : 연세대학교 문리대학 응용과학부 생물자원공학과 교수
저서 : 신고초지학개론, 草地の生産生態 등

전우민

고려대학교 농과대학 축산학과 졸업
고려대학교 유가공학 전공(농학박사)
현재 : 삼육대학교 응용동물학과 교수
저서 : 생명자원과학개론, 유제품과 식생활 등

조익환

건국대학교 사료학과 졸업
오스트리아 비인 농과대학 초지학 전공(농학박사)
현재 : 대구대학교 생명환경대학 동물자원학과 교수
저서 : 신고초지학개론, 동물과 환경 등

최창본

영남대학교 축산학과 졸업
미국 노스다크다대학교 가축생리학전공(생리학박사)
현재 : 영남대학교 생명공학부 교수
저서 : 한우

머 리 말

이 책을 쓴 동기는 최근에 대학의 교양과정에 "인간과 동물"이라는 과목의 개설이 많아지고 있으나, 강의를 맡은 교수님들이 수 차례 이야기를 나누던 중에 "인간과 동물" 과목에 적합한 교재가 없어서 애로가 많다는 사실을 알게되어 "인간과 동물"이라는 제목으로 교재를 만들어 보는 것이 좋겠다는 결론을 얻게 되었다. "인간과 동물"을 대학의 교양교재로 만들 때에는 순수한 자연과학, 비교심리학, 응용과학 등 여러 분야를 고려하여야 하므로 매우 어려운 과정이라는 데에는 저자 모두가 공감하였다. 그러나 "인간과 동물"을 강의하고 있는 대부분의 저자가 축산학도였으므로 순수한 자연과학이나 비교심리학 등에는 문외한이므로 고등교육을 받는 교양인에게 동물산업의 중요성, 동물성 식품을 섭취하여야 할 필요성, 동물산업과 인류의 관계 등을 인식시키고, 동물산업에 대한 이해를 촉구할 수 있는 유일한 기회로 생각하였다. 따라서 저자들이 수년간 강의한 내용을 중심으로 자료를 보완하여 "인간과 동물"의 편집을 시도하여 보았다.

"인간과 동물"은 너무나 광범위하므로 인간과 동물에 관련된 모든 내용을 수록할 수는 없으므로 동물과 인류의 관계를 동물산업을 중심으로 동물과 인류의 발생과 상호관계, 유용동물의 생산과 그 이용, 동물의 발생공학 연구와 인류의 운명, 동물의 행동과 복지, 인수공통전염병 등으로 나누어 편집하였다. 동물과 인류의 발생과 상호관계에서는 동물과 인류의 탄생, 농경문화의 발달과 야생동물의 가축화, 인간의 문화생활과 동물, 인구증가와 식량문제, 인간과 동물의 성비 등을 중심으로 검토해 보았다. 유용동물의 생산과 그 이용에서는 동물의 먹이와 인류의 식량, 동물성 식품의 중요성, 동물의 생산물과 그 이용 등을 중심으로 검토하였다. 동물의 발생공학과 인류의 운명에서는 최근에 각광으로 받고 있는 발생공학적 기술과 그 이용 및 생명공학의 발달에 따른 인류의 운명을 중심으로 검토하였다. 동물의 행동과 복지에서는 동물의 행동과 인류와의 관계, 야생동물 보호운동, 동물의 복지와 인류와의 관계 등을 중심으로 검토하였다. 인수공통전염병에서는 최근에 관심이 고조되고 있는 인수공통전염병의 원인과 그 예방 방법을 중심으로 검토하였다.

"인간과 동물"은 저자의 전공분야가 아닌 부분이 많으므로 광범위한 내용을 모두 수록할 수 없었을 뿐만 아니라 고등교육을 받는 교양인에게 동물산업에 대한 이해를 촉구하려는 내용을 중심으로 편집하였으므로 앞뒤가 잘 맞지 않는 모순도 많고, 부족한 부분도 많으며 전문용어가 너무 많이 사용되어 이해하기 어렵고, 또 부분적으로는 교양의 범위를 넘는 전문지식에 관한 내용도 많이 있다는 것을 저자도 솔직히 시인하는 바이다. 또 자료의 인용에서 해석의 잘못이나 오기가 있을 가능성도 많이 있다. 따라서 부족한 부분과 어려운 부분은 빠른 시일 내에 좀 더 이해하기 쉽도록 수정하고 보완할 것을 약속한다. 아무쪼록 이 책이 교양인의 일반 상식을 높이는 데에 도움이 되고, 또 동물산업을 이해하는 데에 도움이 되는 안내서의 역할을 하기를 기대한다.

끝으로 이 책을 출판하기까지 엄동설한에 원고정리와 교정을 위하여 애써 준 대구대학교 가축번식학연구실과 초지학연구실의 대학원생 및 학생 여러분께 감사드리고, 출판계의 어려운 사정에도 불구하고 여러 가지 호의를 베풀어 주시고 이 책의 출판을 맡아 주신 선진문화사 양정식 사장님과 직원 여러분의 노고에 사의를 표합니다.

2003. 2. 저자 씀

개정판을 내면서

이 책의 초판이 출간될 당시의 애환이 엊그제 일처럼 기억이 생생한데 벌써 5년이라는 세월이 지나갔습니다. 여러 가지로 부족한 점이 많았음에도 불구하고 그 동안 이 책을 아끼며 애독하여 주신 애독자 여러분께 심심한 사의를 표합니다.

이 책의 초판에서는 "인간과 동물"은 너무나 광범위한 분야이므로 인간과 동물에 관련된 모든 내용을 수록할 수는 없으므로 동물산업을 중심으로 동물자원학을 전공한 집필진이 고등교육을 받는 교양인에게 동물산업에 대한 이해를 촉구할 목적으로 편집하였으므로 앞뒤가 잘 맞지 않는 모순도 많고 부족한 부분도 많으며 전문용어가 너무 많이 사용되어 이해하기 어렵고, 또 부분적으로는 교양의 범위를 넘는 전문지식에 관한 내용도 많아 수정하고 보완할 부분이 많이 있었습니다.

이 책의 개정판은 각자의 집필분야에서 다년간 많은 연구업적을 갖고 있는 사계의 권위자들이 초판의 내용을 보완하고, 현대사회와 동물, 동물과 환경 등을 추가하여 집필하였으므로 이 책의 내용도 한층 더 충실해지고, 다양화되었을 것으로 확신합니다. 다만 용어의 구사나 논리의 전개에 있어서 통일성이 결여되고, 내용의 일부가 중복된 점이 없지 않겠으나, 이 점은 어디까지나 편집과정에서 집필자의 원고에 충실하려는 충심의 발로였음을 밝혀 두고, 앞으로 판을 거듭하면서 더 많은 권위자가 참가하여 이 책의 내용이 더욱 충실해지고, 나아가서는 교양인의 일반상식을 높이는 데에 도움이 되고, 또 동물산업을 이해하는 데에 도움이 되는 안내서의 역할을 하기를 기대합니다.

끝으로 이 책을 출판하기까지 엄동설한에 방학도 반납하고 원고정리와 교정을 위하여 애써준 대구대학교 동물자원학과 대학원생 여러분께 감사드리고, 출판계의 어려운 사정에도 불구하고 물심양면으로 협조하여주신 선진문화사 양희돌 사장님과 직원 여러분의 노고에 깊은 사의를 표합니다.

2008. 2. 저자 씀

차 례

제 1 장 동물과 인류의 탄생

제 2 장 인간과 동물의 관계

제 3 장 인간의 문화생활과 동물

제 4 장 현대사회와 동물

제5장 인구증가와 식량자원

제6장 동물의 생산물과 그 이용

제7장 동물의 영양

제8장 동물의 먹이

제9장 인간과 동물의 성비

제 10 장 동물의 발생공학과 인류의 운명

제 11 장 동물의 행동

제 12 장 동물실험과 복지

제 13 장 동물과 환경

제 14 장 인수공통전염병

제 1 장 동물과 인류의 탄생

약 200억년 전부터 형성되기 시작한 것으로 추정되는 우주에는 수없이 많은 별이 있지만 생명체가 존재하는 별은 지구뿐인 것으로 많은 학자들이 주장하고 있다.

하나뿐인 지구(The only one Earth)에서 30억년 이상의 세월동안 진화과정을 거쳐 발생된 생물의 종류는 5,000만~50억종으로 추정되며, 현재 지구촌에는 이미 알려진 것만해도 동물이 약 120만종, 식물이 약 50만종이며, 아직 알려져 있지 않은 것도 상당수 있으므로 약 200만종의 생명체가 생활하고 있다. 인류는 지구촌 생명체의 지배자로서 지구촌 구석구석에 변화를 야기하고 있다. 의 · 식 · 주의 해결을 위한 초보적인 노력에서부터 각종 산업활동, 생물 · 화학무기의 개발에 이르기까지 모든 인류의 활동이 지구촌의 균형을 위협하고 있다.

「지구는 사람이 필요치 않을지 몰라도 인류는 지구를 떠나 하루도 살 수 없다」는 독일 속담이 있다. 지구를 포함한 우주자연은 영원한 것인가. 자연은 서서히 변화되면서 많은 시대를 경과해 온 역사를 갖고 있다.

본 장에서는 지구가 변화되는 과정과 함께 생물의 진화과정과 동물의 진화과정을 검토하고 인류가 진화되어 온 과정을 살펴보도록 한다.

1. 지구의 역사와 동물의 발생

약 45억년 전에 태양계에서 분리되어 형성된 것으로 추정되는 지구는 서서히 변화되면서 많은 시대를 경과해 온 역사를 갖고 있으며, 그 가운데에서 생물과 동물의 발생과 진화가 지구의 변화와 발을 맞추어 진행되었다.

1) 생물의 진화

고정이 아닌 변천의 뜻을 내포하고 있는 진화란 용어는 보통 좁은 의미에서 생물의 진화에만 쓰이지만 천체의 진화, 항성의 진화, 지형의 진화, 지질 구조의 진화 등 주기적 자연현상에 대해서도 쓰인다. 여기서는 생물의 진화에 국한하여 설명한다.

진화론을 확립한 다윈은 진화를 "변화를 따르는 유래"라고 정의하고 새로운 종이 형성되는 과정을 중심으로 설명하였다.

진화란 생물이 환경 속에서 생식을 통하여 대를 이어가는 사이에 변화해 가는 것을 의미한다. 즉 진화는 생물의 역사문제이나, 유사 이래의 세월에서는 진화라고 할 만한 생물의 변화는 거의 일어나지 않았다. 그러므로 진화는 간접적으로 유추할 수 밖에 없는 현상이다. 따라서 진화문제는 진화사실의 입증, 진화경로, 진화요인 등으로 나누어 종합적으로 고찰하여야 할 것이다.

(1) 진화의 요인

지구에 최초의 생명체가 나타난 이후 산소의 증가는 생물계에 많은 변화를 가져오게 되었다.

원시식물의 광합성과 수분(H_2O)의 분해는 많은 산소를 생성하게 되었다. 산소의 과잉 생성은 오존을 생성하게 되었고, 오존의 과잉생성은 대기권 상층부에 오존층을 형성하게 되었다. 이러한 오존층이 자외선의 지구 유입을 차단하게 함으로써 많은 생물이 번성할 수 있게 되었다. 따라서 지구에서 산소의 증가는 생물 진화의 가장 큰 직접적인 요인이 되었다.

(2) 진화의 경향

자연선택은 무작위적으로 나타나는 돌연변이에 대해 유리한 돌연변이형은 개체군에서 증가되어 다른 종류의 형질을 나타나게 하고, 불리한 돌연변이체와 형질은 시간이 지나면서 개체군에서 사라지는 과정이 반복적으로 일어나도록 하는 변화과정을 갖게 한다.

지구상에 존재했던 생물체의 변화과정에서 나타난 특징인 진화의 경향은 간단한 구조에서 복잡한 구조로 진화되고, 작은 형태에서 큰 형태로 진화되며, 하등생물에서 고등생물로 진화되었다.

(3) 동 · 식물계의 진화 계통

생물의 진화과정에서 동물계의 진화과정과 식물계의 진화과정은 진화의 경향에서 본 바와 같이 하등생물에서 고등생물로 진화되었다.

동물계의 진화계통은 무척추동물 → 어류 → 양서류 → 파충류 → 조류와 포유류로 진화되는 과정으로 나타났다.

식물계의 진화계통은 조류식물 → 선태식물 → 양치식물 → 겉씨식물 → 속씨식물로 진화되는 과정으로 나타났다.

2) 동물의 발생과 진화

지구상에서 가장 오래된 생물의 직접적인 흔적은 34억년에서 35억년 전으로 거슬러 올라간다.

호주와 남아프리카에 있는 암석의 나이에서 지질학자들은 원시의 조류(藻類)와 박테리아의 활동을 통해 만들어진 층이 있는 구조인 스트로마톨라이트(stromatolites: 녹조류의 활동에 의해 생긴 박편상 석회암)를 발견했다. 또한 비슷한 시기의 다른 호주의 암석은 태고 생물의 더욱 직접적인 증거를 제공했는데, 규질암에서 찾아낸 이들 암석의 절편은 그들 스스로 청록조류의 화석화된 흔적을 보여준다. 이들 암석은 또한 생명의 연대기적인 간접적인 흔적을 보여주었다.

생명체의 기원을 밝히기 위해서는 우선적으로 탄소동위원소를 이용한다. 38억년 이상되는 것으로 추정되는 그린랜드의 암석에서 찾아낸 탄소동위원소 혼합물도 지구상의 생물의 증거를 보여주었다.

약 22억년 전, 대기에는 유리산소가 존재했다는 증거가 확인되었는데, 세포의 생화학적 기

[표 1-1] 지구의 역사는 기(紀)로 나누어진다. 이 지질학적 연대기는 지질학적 사건동안에 나타난 유기체와 북미에서 발생된 지질학적 사건을 보여 준다.

대(代)	기(紀)	세(世)	생물학상의 사건	거금년수 (距今年數)	지질학상의 사건 : 북미를 특별히 참고하였고 전세계적인 큰 변동을 반영하지 않음
신생대	제4기	현 세	현생인류	1만 1천	빙하기, 이후 온난해짐
		홍적세	초기인류	50만~300만	대륙융기, 서늘함
	제3기	선신세	대형육식동물	7백만	대륙융기, 서늘함
		중신세	초식포유동물 번성	2천5백만	평원과 초원, 온화
		점신세	유인원, 원숭이, 고래	4천만	산맥침식, 강우와 온화
		시신세	태반동물의 확산	6천만	산맥침식
		팔레오세	최초의 태반 포유류	7천만	산맥형성, 아열대
중생대	백 악 기		해양 파충류와 거북류의 절정기, 이후 멸종이 수반됨, 현화식물, 겉씨식물 쇠퇴	1억3천5백만	연해와 늪지의 확장, 안데스, 히말라야, 로키산맥의 형성, 온화~서늘함
	쥐 라 기		최초의 조류, 최초포유동물, 공룡번성	1억8천만	수심이 얕은 연안, 시에라네바디 산맥형성, 서늘함, 우주에 온화함
	트라이아스기		최초의 공룡, 파충류와 유사한 포유동물, 침엽수림의 번성	2억3천만	대륙융기, 광범위하게 퍼진 사막, 서늘함과 건조
고생대	페름기		파충류 확산, 양서류의 변태, 많은 해양 무척추동물의 멸종	2억8천만	대륙융기, 애팔레치아 산맥의 형성, 한냉과 건조
	석탄기	펜실베니아기	최초의 파충류, 거대한 곤충, 광대한 침엽수의 삼림	3억1천만	수심이 얕은 연해, 광범위한 석탄퇴적, 온난과 다습
		미시시피기	양서류 확산, 상어 번성, 포엽나무와 포자고사리	3억4천 5백만	연해, 온난~고온, 늪지

	데본기	최초의 양서류, 민물고기 번성, 이끼벌레와 산호	4억5백만	연해, 초기산림, 온화
고생대	실루리아기	최초의 턱이 있는 어류	4억2천 5백만	연해와 암초, 온화
	오르도비스기	최초의 척추동물, 해양 무척추동물 번성, 최초의 육지식물	5억	대륙 침강, 온난
	캄브리아기	많은 무척추동물의 문과 강의 기원, 삼엽충 우세, 바다조류	6억	제3기 대륙의 침강, 온화
선캄브리아기	원생누대	파조류 화석, 다른 화석은 극히 보기 드묾, 해면과 굴을 파는 연충의 증거	25억	화산활동, 산맥형성, 빙하, 다양한 기후
	시생누대		38억	
	하디안누대		45억	

(McGraw-Hill Company)

능에서 이들 반응물질은 생명체의 기원을 밝히기 위해 이용되었다. 대기에 있는 유리산소는 또한 생명체에 해를 주는 태양으로부터 오는 자외선을 차단시키는 오존층을 형성했다 (표 1-1).

원시양서류는 5억4천4백만년 전인 캄브리아기(Cambrian period)에 나타났고, 초기척추 동물과 최초의 육상식물이 나타난 것은 약 4억2천만년 전인 오르도비스기(Ordovician period)인 것으로 믿어졌는데, 이는 절지동물과 연충과 같은 무척추동물이 지구상에 나타났던 시기와 일치한다. 따라서 이들 초기의 육상 무척추동물은 부패한 식물류를 섭취한 것으로 추정된다.

양서류와 파충류 형태의 척추동물은 약 3억7천만년 전인 데본기(Devonian period) 동안 나타났다. 척추어류는 오르도비스기에 나타났고 데본기에는 이미 번성했다. 초기양막류는 2억8천만년 전인 페름기(Permian period)에 나타났고, 2억3천만년 전인 트라이아스기(Triassic period)동안 공룡이 포유동물 비슷한 파충류와 함께 나타났다. 최초의 조류와 포유동물은 공룡이 번성할 때인 1억8천만년 전인 쥐라기(Jurassic period)에 나타났다.

1억4천7백만년 전의 것으로 추정되는 시조새의 화석이 발견되었고, 1억3천5백만년에서 7천만년 전인 백악기(Cretaceous period)에 공룡과 해양성 파충류는 가장 번성하였지만 이후에 사라졌다. 그러나 그들이 멸종된 이유는 아직도 과학자들에 의해 여전히 토론되어지고 있으나 밝혀지지 않았다.

공룡의 멸종과 더불어 더욱더 작은 생물에 있어서도 진화하고 번성할 수 있는 기회가 생겨났다. 7천만년에서 4천만년 전인 효신세(Paleocene epoch)와 시신세(Eocene epoch) 동안 태반포유동물은 진화되고 사라지고를 반복하면서 새로운 환경에 적응되었다. 태반동물은 수정란과 태아가 자궁에 있는 동안 영양분을 공급하는 태반을 가지고 있는 진수류와 온혈동물로 진화되었다. 또 3천4백만년 전인 점신세(Oligocene epoch)에 태반류와 유대류가 태어났고, 2천3백만년 전인 중신세(Miocene epoch)에 초식동물과 원시영장류가 태어났고, 500만년 전인 선신세(Priocene epoch)에 영장류(simian)가 태어났고, 300만 년 전인 홍적세(Pleistocene epoch)에 인류가 태어난 것으로 추정하고 있다.

2. 인류의 진화와 현대인의 탄생

다윈이 인간은 영장류의 동물을 조상으로 한 계통으로부터 진화되어 왔다고 인류의 진화론을 발표했지만 그 당시까지 인류의 화석이 거의 발견되지 않았기 때문에 창조론을 신봉하고 있던 종교계의 심한 박해를 받게 되어 사형 당한다. 그러나 근래에 발견되는 인류의 화석은 다윈의 진화론을 강하게 입증하고 있다.

인류진화의 특징을 요약하면 다음과 같다.

A. 직립해서 두 다리로 보행

직립하기 위해서는 골반이 옆으로 넓게 퍼져 있어야 하고, 대퇴골은 안쪽으로 굽어서 직립의 중심을 잡을 수 있어야 하며, 골반과 대퇴골을 연결하는 중둔근이 발달하는 등의 조건을 갖추어야 한다.

B. 손의 구조가 진화

네발로서 걸을 필요가 없어짐으로써 손이 자유롭게 되고, 나무 위에서 생활하지 않음으로서 특히 엄지손가락 근육이 잘 발달하게 되어 연장의 개발로 이어진다.

C. 목구멍 구조의 발달

직립함으로서 목구멍의 구조가 달라지고, 성대가 발달하게 되었으므로 다양한 소리를 낼 수 있게 되어 말의 발달로 이어진다.

D. 뇌용량의 확대

뇌용량이 확대됨으로서 소리를 구별하고 언어를 사용할 수 있게 되었다.

E. 집단생활

언어의 발달, 연장의 발달, 뇌용량의 확대는 집단생활을 하게 하고, 다른 동물을 압도하게 되고, 생존경쟁에서 우점하게 되었다.

영장류 혈통의 진화에 관한 이론을 뒷받침하는 인류의 화석이 발견된 사건을 영장류의 진화와 인류의 진화로 나누어 요약하면 다음과 같다.

1) 영장류의 진화

최초의 영장류는 약 6,500만년 전인 효신세에 태어난 땃쥐(shrew)와 비슷한 작은 야행성동물이었을 것으로 추정한다. 이 영장류의 조상은 두 개의 주요한 계통으로 나누어진 아목을 형성하였는데, 하나는 여우원숭이, 안경원숭이, 로리스(loris)를 포함하는 원원아목(prosimians), 다른 하나는 꼬리감는원숭이, 긴꼬리원숭이, 유인원(simian) 등 진원아목(anthropoidea)이다. 이 영장류는 주로 나무위에서 생활한 것으로 추정된다.

약 4,000만년 전의 것으로 추정되는 최초의 유인원(simian) 화석은 아프리카에서 발견되었다. 이 영장류는 야간보다는 주간에 활동한 것으로 보이는데 색깔을 잘 구분할 수 있도록 시력이 발달되었던 것으로 추정된다.

약 2,500만년 전의 고화석에서 사람을 많이 닮은 유인원(ape)이 아프리카에서 발견되었다. 이 유인원은 아프리카 북부의 사바나 삼림에서 풍부한 식량을 얻을 수 있었으므로 나무에서 내려와 육상에서 생활한 것으로 추정되고, 이 것을 계기로 하여 직립할 수 있는 사람과의 동물인 초기 호미니드(hominid)로 발달하였을 것으로 추정되지만, 이 과정을 증명할 수 있는 화석은 아직 발견되지 않았다.

2) 인류의 진화 역사

오스트랄로피테쿠스 아파렌시스(Australipothecus afarensis)와 호모 하빌리스(Homo habilis)는 3~4백만년 전부터 175만년 전에서 100만년 전 사이에 멸종될 때까지 두 계열이 공존하고 있었던 것으로 추정된다. 특히 호모 하빌리스는 완전히 직립한 호미니드로 추정한다(그림 1-1).

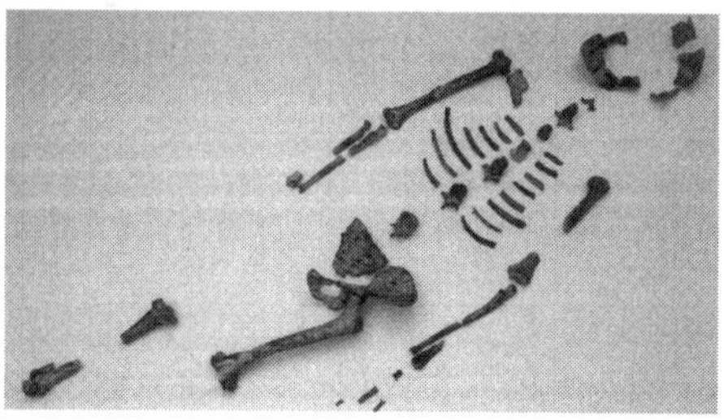

A

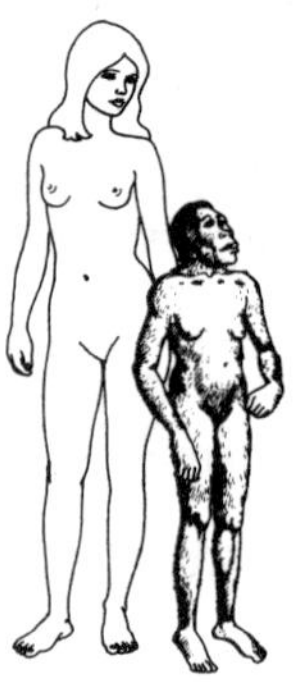

B

[그림 1-1] 1994년에 발견한 Lucy(약 290만년 전)

A. 초기 호미니드 중 거의 완벽한 골격임.

B. 현대인(왼쪽)과 비교한 Lucy 외형(오른쪽)

호모 에렉투스(Homo erectus)는 약 150만년 전에 나타났고, 20~50명 정도의 무리를 지어 산 사회적인 종인 것으로 추정된다.

호모 사피엔스(Homo sapience)는 약 30만년 전에 호모 에렉투스가 멸종된 후에 나타났는데, 네안데르탈인으로 명명되었다. 이 네안데르탈인은 현대인의 범위 이내의 뇌용량을 가졌었고, 숙달된 사냥꾼이며 도구를 능숙하게 사용하였으며, 후기 홍적세에 구세계를 지배한 것으로 추정된다.

약 3만년 전 네안데르탈인은 그들의 문화와 매우 다른 문화를 가진 키가 큰 현대인에 의해 대체되었고, 아마 상당한 수가 멸종되었을 것으로 추정된다. 그 후 도구의 사용기술은 빠르게 발달되었고, 인류문화는 세련된 언어로 더욱 풍성하게 되었다.

최근에 발견된 화석으로부터 호미니드 계열의 뇌용적과 신장을 비교하면 그림 1-2와 같다.

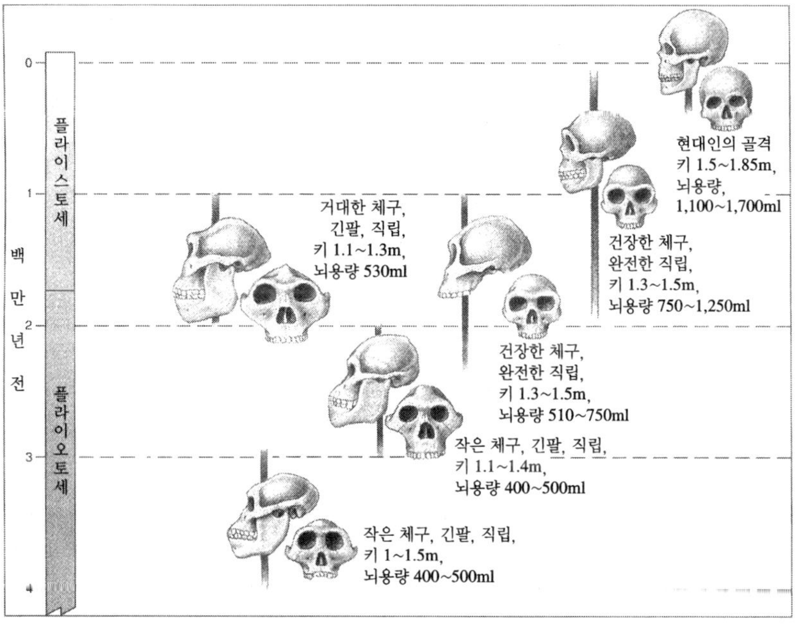

[그림 1-2] 현대인으로 진화하는 과정의 호미니드 두개골
■(선)은 화석기록에 의한 각 종의 존재 시간대

제 2 장 인간과 동물의 관계

1. 농경 문화의 발달

1) 인류의 지속적인 성장 3단계

인류가 살아가고 있는 지구의 면적은 일정하고, 인류가 사용할 수 있는 자원은 한정되어 있다. 그러나 생물적자원은 생산성을 향상시킬 수 있으므로 지금까지는 인구가 증가하더라도 식량생산을 많게 하여 인류는 식량부족을 심각하게 생각하지 않으며 살아 올 수 있었다.

학자에 따라 인간의 성장단계를 분류하는 방법이 다르지만 가장 일반적인 분류방법으로 1단계는 유인원이 구석기 시대에 불의 발견과 도구를 사용한 시기, 2단계는 신석기 시대에 수렵과 채집만으로는 식량이 부족하므로 농작물의 경작과 동물을 가축화하여 사육한 시기, 3단계는 공산품의 대량생산으로 각종 자원의 쟁탈전을 벌인 산업혁명(1750년 경)을 가져온 시기 등 3단계로 나누고 있다.

인류는 지속적인 성장 1단계에 도구와 불을 사용하면서 지구상에 있는 모든 자원을 인류중심으로 이용할 수 있는 능력을 갖추게 되었다.

인류는 지속적인 성장 2단계에 농작물을 경작하고, 동물을 사육하면서 식량문제를 해결하였지만 여유시간을 많이 갖게 되면서 지금까지보다 더 안락한 생활을 하기 위해 인류 간의 경쟁을 하게 되었다. 즉 식량과 자원을 빼앗기 위해 전쟁을 하고, 식민지를 확대해 나갔다. 만일 인류가 동물을 사육하지 않고 수렵만으로 야생동물을 잡아 포식하였다면, 모든 야생동물은 멸종되고 말았을 것이다.

인류는 지속적인 성장 3단계로 산업혁명을 일으키므로서 지금까지의 의 · 식 · 주에 치명적인 타격을 주었다. 농경지로 이용하던 경작지가 공장과 창고를 위한 토지와 주택을 위한 토지로 전환되어야만 했고, 그에 필요한 토지의 면적이 기하급수적으로 증가하고, 1차산업과 2차산업의 생산성 향상으로 3차산업의 수요가 증가하고, 유휴노동력의 증가로 육체노동에서 정신노동으로 근로조건이 바뀌면서 자원활용의 극대화와 함께 교육, 의료, 무역 등 소비산업의 발달과 함께 평균수명의 연장 등으로 인구가 폭발적으로 증가하게 되었다.

이러한 변화는 인류의 지속적인 성장으로 먹이사슬의 불균형을 초래하게 되었다(그림 2-1). 즉, 먹이사슬의 불균형은 지금까지 먹이사슬의 최종 이용자인 인간의 수가 급증함에 따라 생산자, 제1차 소비자, 제2차 소비자의 절대량이 부족하게 되었다. 따라서 인간은 식량과 자원을 확보하기 위해 약육강식의 전쟁을 일으킬 수 밖에 없는 절박한 상황에 직면하게 되었다.

인류는 자기국가, 자기민족의 식량과 자원을 확보하기 위해 약소국을 침범하고 자원의 확보를 위해서는 모든 불의의 행동을 자기합리화하는 궤변을 반복하기에 이르렀다.

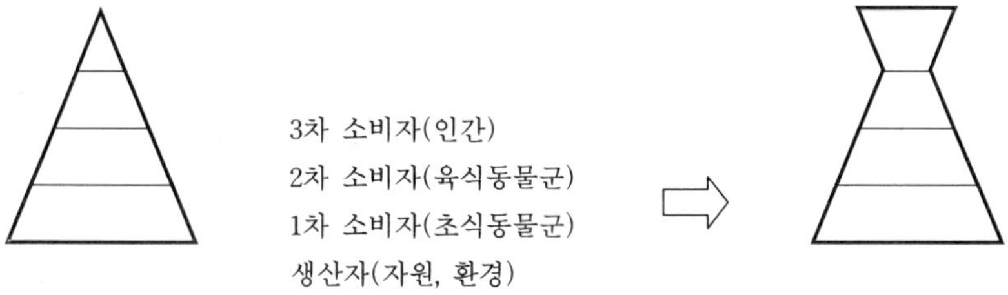

[그림 2-1] 먹이사슬의 변화

2) 농경문화의 정착

농경의 개시 : 작물이나 가축을 길러 그것을 식료로 하여 생활하는 것을 농경문화라 한다. 세계의 농경문화는 다음과 같이 4개의 유형으로 나눌 수 있다.

① 동남아시아 고온 · 습윤(근경농경문화)–타로토란, 바나나 : 닭, 돼지
② 메소포타미아 건조 · 한해 농업(지중해 농경문화)–밀, 보리, 비트, 완두 : 소, 말, 양, 낙타
③ 서인도 · 아메리카 반건조(사바나 농경문화)–표주박, 참깨 : 소, 물소, 양
④ 아메리카 대륙 중앙부 적온 · 적습(신대륙 농경문화)–감자, 강낭콩, 호박, 옥수수 : 라마, 알파카, 칠면조

각 지역에서 그곳에 자생하는 식물 중 재배화가 용이한 것이 작물로 선택되고 야생동물 중에서 사육되기 쉽고 사료의 획득이 쉬운 동물이 가축으로 선발되어 왔다.

3) 농경문화와 가축

식료생산은 작물 재배에 의해 식물성 식료의 생산과 가축사육에 의한 동물성 식료의 생산으로 크게 구분할 수 있다. 그러나 가축 사료의 대부분은 목초 · 사료작물 등의 재배나 식용작물의 부산물을 이용하면서부터 식료 생산의 기초는 작물재배에서부터 시작되었다고 할 수 있다.

작물 중 어떤 작물은 식료원으로 하고 어떤 작물은 사료로 이용하는가는 그 지역의 자연조건 혹은 사회 조건에 따라 분류되어 왔다. 예를 들면 비가 적고 냉랭한 기후로 곡물생산이 어려운 지역에서는 목초를 재배하여 소나 면양을 길러 동물의 젖이나 고기를 동물성 식료원으로 하였다. 이에 반해, 우리나라와 같이 비가 많고 여름이 고온인 지역에서는 곡물생산이 발달하여 소나 말은 중요한 역축으로 사용되었다. 가축의 사료로는 산야초나 재배 작물의 부산물 등이

이용되어 왔다. 이와 같이 각 지역에서는 각각 작물재배와 가축사육이 결합되어 왔을 뿐만 아니라 인간과 작물 및 가축이 서로 공존의 관계를 이루고 있다.

모든 생물은 생명의 유지를 위해서 에너지를 필요로 한다. 녹색식물은 태양 광 에너지를 이용하여 이산화탄소와 물로부터 당이나 전분을 만들어 내는데(광합성), 이것이 생명유지와 성장의 에너지원이 된다.

한편 동물은 생명을 유지하고 성장하는데 필요한 에너지를 식물 혹은 기타 동물을 먹이로 하여 얻게 된다. 인간도 동일하게 식물의 종실이나 경엽 외에 동물을 식료로 하여 필요한 에너지를 얻게 된다. 그러나 가축에 의한 식료생산은 가축이 작물을 먹이로 하여 젖, 고기, 알 등을 생산하는 과정으로, 사료에너지가 오줌으로서 손실되거나 소화 · 흡수 등에 사용되어지므로 작물생산에 의한 식료생산에 비하면 태양 광 에너지가 식료로 전환할 수 있는 비율이 낮다. 따라서 일정한 토지면적에서 가축을 사육해서 식료를 얻도록 하면 작물에 의한 경우에 비해 먹일 수 있는 인구가 적게 된다. 이와 같이 축산에서는 가축의 사료와 인간의 식료간에 경합관계가 있는 것을 잊어서는 안된다.

자연계에서는 동물과 식물 그리고 많은 미생물이 생물군 전체로서 서로 관계하면서 생활하고 있다. 이들을 생태계라 부른다.

생태계에 있어서 동식물을 구성하고 있는 물질은 식물 · 동물 · 인간 → 토양(토양유기물 → 미생물 → 무기물) → 식물과 규칙적으로 순환하고 있다.

농경지에 있어서도 이러한 순환을 유지해 가는 것이 중요하다. 농경지에서 작물을 재배하면 유기물을 투입하지 않는 경우는 매년 지력(토지가 식물을 기르는 힘)이 저하하여 작물의 생산력은 저하하나 가축의 분뇨나 깔짚 등을 토양에 시용하면 지력이 높아지고 또한 작물의 뿌리가 바람직한 상태로 만들어져 큰 효과가 나타내게 된다.

2. 야생동물의 가축화

1) 가축화의 동기

야생동물이 가축화된 동기로는 세 가지 설을 생각할 수 있다. 첫째, 처음부터 식용으로 사용할 목적으로 수렵에 의해 포획했다. 비교적 성질이 온순한 동물을 비상용 식량으로 사용할 목적으로 주거지 부근에 붙들어 매어 두었던 것으로 생각할 수 있다.

둘째, 인간의 힘으로는 어쩔 수 없는 자연계의 불가사의를 숭배하기 위한 제물로 사용하기 위해 야생동물을 포획했다. 제사용으로 사용할 야생동물이 수렵에 의해 언제든지 포획할 수 있을 때는 문제가 전혀 없었지만, 인구가 증가면서 포획할 수 있는 야생동물의 숫자가 감소되었으므로 사전에 포획하여 제사에 사용할 때까지 가두어 두거나 붙들어 매어 둔 야생동물이 인간이 주는 사료를 받아먹으며 순화되었다.

셋째, 가두어 두었던 야생동물이 새끼를 분만하였을 때 그 새끼에 대한 인간의 여러 가지 애정의 표현에 대해 온순한 새끼가 잘 순화되어 가축화되었다. 즉 애완용으로 야생동물을 사육하기 시작한 것이 가축화의 동기라는 설 등이 있다.

가축화의 증거는 위의 세 가지 중에 어느 것일까 라는 가설 이외에도 여러 가지 요인이 관여하였을 것이라고 생각할 수 있지만 수렵이나 채집에 의해 식용, 종교용, 애완용의 동물이 언제든지 야외에서 인간이 필요로 하는 수량이 입수될 수 있는 지역에서 가축화가 되었다고 생각하는 것은 무리가 있다. 왜냐하면 인간을 포함한 모든 생물은 보수적이므로 만일 생물의 본질적인 특징인 개체보존과 종의 보존에 필요하고도 충분한 조건이 보증되어 있으면 자기의 생활을 변혁시키려고 하지 않는다.

그러나 대부분의 경우에 생물이 생활에 만족하고, 종의 존속을 유지하기 위해 개체수를 늘려가려고 하면 그것이 원인이 되어 거기에서 생태계의 변화가 일어나고 그 변화가 그 생물의 생활에 피드백된다. 그 것이 그 생물의 개체나 종 전체의 생활을 압박하게 되면 생물은 생명의 존속을 위해 그것을 타개하려고 하고, 지금까지의 생활과는 다른 다음 단계로 나아가려고 한다. 그 결과가 오히려 새로운 원인이 되어 생물은 쉴 사이 없이 변화를 계속하게 되는 까닭이다. 인간에 있어서도 예외는 있을 수 없고 어려운 처지를 딛고 일어서려는 노력만 하고 있다.

인류의 발상지는 열대 아프리카지역이라고 추측하고 있다. 그 지역에서 언제든지 인간이 희망할 때 주위에 존재하는 소농불이나 나무의 열매를 채집하여 생활할 수 있었다. 조기의 인류는 인구가 점차 증가함에 따라 식량공급과 소비의 균형이 무너져 식량을 구하기 위해 이동하기 시작했고, 북반구의 대륙으로 주거지를 확대해 나아갔다고 생각할 수 있다. 기후풍토가 나쁜 지역에서는 언제 어디서나 필요한 식량을 입수하기는 어려웠을 것이다.

식량을 입수하기 위해 인간은 집단을 형성하고, 수렵의 대상인 동물의 생태에 맞춰서 행동하는 생활양식이 발달했다. 그 결과 인간은 사회생활을 위한 제도를 만들고, 조직적으로 식량을 얻기 위한 문화체계를 형성하였다. 이러한 사회생활체계의 완성과 더불어 인구가 증가하고, 증가한 인구의 식량을 공급하기 위해 각종 시행착오를 거듭한 결과가 유용동물이 될 수 있는 조건을 갖춘 야생동물의 가축화가 진행되었을 것이라는 것을 충분히 고려할 수 있다.

인류는 필요한 동물을 언제든지 입수할 수 있게 되면서부터 인류가 원하는 때에 식용, 제사용, 애완용뿐만 아니라 젖이나 모피를 이용할 수 있게 되면서 인류의 생활형태는 더욱 진보하게 되었다.

2) 가축화의 과정

현재, 여러 지역에서 사육되고 있는 각종 유용동물은 어떤 시기에 일제히 가축화된 것이 아니고 그 당시의 인류의 생활형태나 주위의 환경에 의존해서 오랜 세월동안에 걸쳐 조금씩 가축화되었을 것이라고 추측된다.

가장 빨리 가축화된 야생동물은 개라고 생각한다면, 개의 선조인 늑대는 가장 일찍부터 인간과 접촉을 하고 있던 야생동물 중의 하나이다. 빙하기의 가장 어려운 기후조건 하에서 북반구에 생존하고 있던 늑대는 인류와 마찬가지로 사회집단을 형성하여 인류의 생활터전과 같은 지역에서 생활하고, 대형 포유동물을 수렵대상으로 하는 점에서는 공통점도 갖고 있었다.

북반구로 이동한 인간은 늑대를 때로는 식용으로 이용하기도 하고, 수렵을 위한 도구로도 사용했었을 것이라고 생각할 수 있다. 그 당시의 인간은 작고 약한 동물에 사료를 공급하는 행동을 이미 하여 왔으며 수렵으로 포획한 늑대의 새끼를 육성하는 것과도 관계가 있었을 것으로 추측할 수 있다. 야생동물을 애완용으로 사육하고 있는 것은 현대에 남아있는 원시적 생활을 하는 민족에서도 쉽게 볼 수 있다.

빙하기가 끝나고 온화하고 건조한 자연조건이 되면서 주로 서아시아 지역에 살고 있던 인간은 생활양식을 바꾸기 시작했다. 건조화가 진행되면서 인간은 강이나 호수를 중심으로 모여들고, 그곳에는 인구밀도가 높아졌다. 곡류 등의 식물의 재배가 시작되고, 몇 종류의 중형동물을 가축화하기 시작했다. 특히 염소와 면양은 인간이 관리하기에 적당한 체구이고, 성질이 비교적 온순하고 무리를 지워 서식하고 인간이 먹을 수 없는 조사료를 주로 채식하고 인간이 이용할 수 있는 것은 고기뿐만 아니라 모피, 털, 젖 등 여러 가지를 이용할 수 있다. 염소와 면양의 사양기술이 점차 소나 돼지에도 응용되어 거의 같은 시기에 서아시아 지역에서 가축화가 된 것으로 추정할 수 있다 .

3) 가축화의 역사

야생동물이 가축화된 시기는 유사 이전의 일이므로 동굴, 패총 등에서 출토된 유물이나 유골로 유추하고 있으므로 고고학적 자료나 문헌이 거의 없고 유물이나 유골이 출토되어도 해석 방법이 학자에 따라 차이가 많으므로 정설이 확립되지 않아 이설이 많지만 표 2-1에서 보는 바와 같다.

[표 2-1] 가축화의 역사

동 물	가축화 지역	추정연대(연)	참고 문헌
소	남중 아시아(Anatolia)	7,800	Mellaart, 1967
돼 지	남서 아시아 중국	8,500 6,000	Reed, 1964
면 양말	북 이라크 증거 부족	10, 700	Perkins, 1964
물 소	북 유라시아	BC 2,500	Zeuner, 1963 Epstein, 1971
순 록	북 유라시아	BC 1,400(?)	Herre, 1955 Zeuner, 1963
토 끼	남서 유럽	중세 초기	Zeuner, 1963
개	북 이라크 남서 아시아	1,400~12,000	Valla, 1977

가축화가 가장 일찍 된 것으로 추정하는 개는 14,000~12,000년 전에 늑대를 가축화한 것으로 추정되는 개의 유골이 이라크 북부지방에서 출토되었지만, 학자에 따라서는 구석기인이 빙하기에 폴리네시아 제도로 이동할 때 이미 개와 함께 이동한 것으로 보아 30,000년 이상 이전에 개가 가축화된 것으로 추정하는 학설도 있다.

4) 가축화의 요인

유용동물은 인류에게 있어서 유익한 것이 아니면 안된다는 대전제를 하지만 유익, 무익 또는 유해라고 하는 개념은 매우 상대적인 것이다. 예를 들어 동물의 성질이 매우 온순하여 사람을 잘 따르고 고기나 젖을 대량으로 공급할 수 있다고 하더라도 사육지역이 그 동물에 부적합하다면 유익하다고 말할 수는 없고, 한 개체의 생산량이 부족하다고 해도 많은 개체를 사육하는 것이 가능하고 인간이 필요로 하는 양을 생산할 수 있다면 그 동물을 인간에 유익하다고 할 수 있다. 또, 가끔 인간에게 유해하다고 할지라도 유용성이 그 보다 많다고 하면 유용동물의 요소를 갖고 있다고 할 수도 있다.

야생동물이 유용동물이 될 수 있는 요소는 그 동물을 유용동물로서 사육하려고 하는 인간이 무엇을 어느 정도 얻으려고 하는 가에 따라 결정될 수 있다. 이 때문에 세계각지에 살고 있는 인간의 생활지역, 습관에 따라 유용할 수 있는 동물의 종류는 매우 많게 된다.

한편 가축화의 대상이 될 동물의 생산성, 성질 등이 가축화의 요인으로서 가장 중요하다고 할 수 있다. 독거성을 좋아하고 성질이 난폭하고 먹이가 인간의 식량과 경합하는 야생동물은 가축화할 동물로서는 부적합하다. 일반적으로 가축화하기에 적합한 동물의 요인으로는 다음과 같은 것이 있다.

① 이유시기가 빠르고, 먹이의 변화, 환경의 변화, 질병 등에 대한 적응력을 갖고 있는 강건함을 가져야 한다.
② 인간의 사회생활에 적응하기 쉽고, 사회적 서열에 의한 행동양식을 가져야 한다.
③ 식성이 좋아 무엇이든 잘 먹고, 인간의 식량과 경합하지 않아야 한다.
④ 인간이 존재나 주거지를 무서워하지 않고, 가두리 속에서 군사에 견뎌 낼 수 있어야 한다.
⑤ 인위적인 관리하에서 번식이 조절될 수 있어야 한다.
⑥ 군서성을 갖고 있고, 성질이 온순하여야 한다.

이상의 모든 요인을 충족할 수 있는 동물은 극히 한정되어 있어서 과거에 많은 동물의 가축화가 시도되었지만, 여러 종류의 야생동물은 가축화가 되지 않았다. 그러나 지금도 여러 종류의 야생동물을 가축화하려고 많은 시도를 하고 있다.

5) 가축화에 의한 변화

가축화된 동물은 자연환경에 의한 자연도태와는 달리, 인류에게 유익한 것만을 선발해 간다고 하는 인위도태의 강도가 높기 때문에 야생종과는 다른 형질이 나타난다. 그러나 유전적으로의 종은 유지하고 있기 때문에 새로운 종이 될 수는 없다. 따라서 가축화된 동물은 이종간 잡종을 제외하고는 그 선조인 야생종과의 교배가 가능하고, 태어난 자손도 생식능력을 갖고 있다.

인위도태는 인간이 동물로부터 얻으려고 하는 것, 즉 경제성이나 미적 형질에 주안점을 두고 하기 때문에 다른 종의 동물에서도 외모의 변화에 공통점이 있다. 예를 들면 체구의 소형화, 지방의 축적, 입의 길이가 단축되는 것 등이다.

이러한 변화는 유전적 변이라고 하기보다는 동물의 어린 시기의 특성을 성장한 이후에도 유지하려고 하는 것에 의한 것이라고 할 수 있다. 특히 턱뼈를 포함한 안면부는 이빨의 퇴축이 뚜렷하고, 개나 돼지에서 볼 수 있는 축소된 얼굴은 유년기의 형태를 보호하려는 전형적인 예라 할 수 있고, 이빨의 퇴축은 육식동물에서 더욱더 뚜렷하다.

가축화에 의한 또 하나의 뚜렷한 외모의 변화는 모색과 모장의 변화를 들 수 있다. 한대지방이나 고산지대에서는 긴 피모가 밀생한 개체가 선발되고, 열대지방에서는 피모가 거의 없는 개체가 선발되었다. 이와 같은 변화는 야생상태에서는 그 동물에 있어서 반드시 이익이 되지 않는 경우가 많지만, 인간의 관리하에서는 야생종과 구별하기 쉽고 희소가치가 있기 때문에 기호에 따라 선발하여 육성된 것으로 생각할 수 있다.

한편, 가축화에 수반하여 성성숙이 빨라지고 짧은 시간에 새끼를 얻을 수 있게 되었고, 동물 종에 따라서는 번식의 계절성이 없어진 것도 볼 수 있다. 예를 들면 야계는 일정한 수의 알을 낳고 나면 산란이 정지되고 영소를 만들어 알을 부화하는 취소성을 갖고 있지만, 가축화된 닭은 취소성이 감소되거나 거의 없어진 품종도 있다. 산란계 중에는 1년에 365개의 알을 산란한 개체도 있다. 또 돼지 등의 다태동물에서는 산자수가 증가하는 것을 볼 수 있다.

이와 같은 변화는 인간의 관리하에서 선발의 목적이 생산성 향상에 있기 때문으로 당연한 결과라고 할 수 있다. 고기의 생산성 향상에 따라 일반적으로 머리와 몸통의 비율이 변화하여 가축화된 동물은 야생동물보다 몸통이 차지하는 비율이 훨씬 크다. 이와같은 변화는 돼지에서 특히 현저하다(그림 2-2).

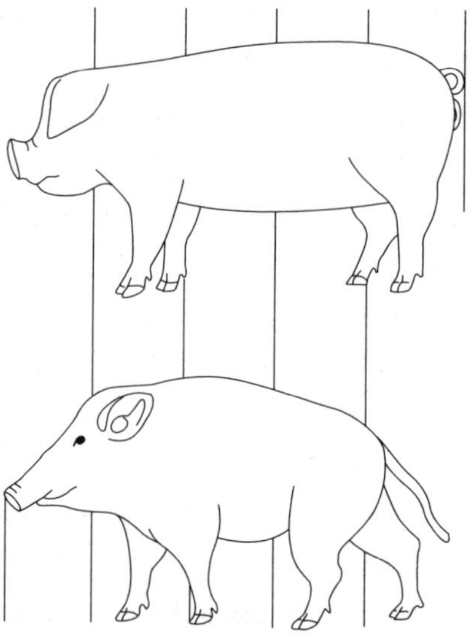

[그림 2-2] 멧돼지와 돼지의 체형 변화

3. 유용동물의 종류

인류에게 유용한 동물은 여러 가지가 있지만, 인간이 관리하여 그 생산이 조절되는 동물로는 경제적 목적으로 사육하는 가축, 과학연구를 목적으로 사육하는 실험동물 및 애완용으로 사육하는 애완동물 등이 있다. 즉, 동물의 생산물, 힘과 지능, 외모를 인간이 유용하게 이용할 수 있는 동물을 유용동물이라 한다.

인류는 동물의 생산물인 고기, 젖, 알, 털, 가죽, 뿔, 섬유, 꿀 등을 식량, 의약품, 의복, 장식품 등으로 이용하고 있고, 동물의 힘과 지능을 활용하여 사역이나 사냥에 이용하고 있고, 동물의 외모를 감상하고 즐기기 위해 애완용이나 관상용으로 이용하고 있다.

동물의 역할은 식량이 부족한 국가에서는 식물에 비해 식량자원으로서의 가치는 매우 적다. 동물의 생산물은 중량으로는 세계의 식량생산량의 1/4 이하이고, 식물성식품에 함유된 에너지는 동물성식품으로 바뀌는 과정에서 많은 에너지량의 손실을 가져온다. 그러나 동물은 인간의 단백질 섭취량의 거의 대부분을 공급하고 있고, 인간의 식량자원으로 이용할 수 없는 많은 식물을 이용할 수 있다. 즉, 광활한 초지가 초식동물의 사료가 되고, 담수나 해수 중의 식물은 어류의 먹이가 되어 유용한 단백질을 생산한다. 이렇게 생산된 단백질은 인간의 식량자원으로 이용되고 있다.

인류는 또 환경으로부터 자신을 보호하기 위해 의류, 신발, 침구 등을 만들 때에도 동물의 생산물인 가죽, 털 등을 이용하고 있다.

인류가 유용하게 이용하는 동물은 사육목적에 따라 가축, 실험동물, 사역동물, 애완동물, 관상동물, 양잠, 벌 등이 있지만 실제로는 다목적용으로 사육되는 동물들은 상당히 중복되지만 사육목적에 따라 분류하면 다음과 같다.

1) 가 축

인류가 동물의 생산물을 이용하기 위해 경제적 목적으로 사육하는 경제성과 깊은 관계를 갖고 있는 동물을 가축이라 한다. 세계 각지에서는 그 지역의 기후, 풍토, 습관, 이용생산물의 특징에 따라 여러 종류의 가축이 사육되고 있다.

우리나라에서는 일반적으로 가축이라고 할 때는 소(한우, 육우, 젖소), 돼지, 닭(산란계, 육계)을 지칭하지만 이외에도 축산법에서 규정하고 있는 가축으로는 염소, 말, 면양, 개, 사슴, 토끼, 여우, 밍크, 오리, 거위, 칠면조, 벌, 관상조가 포함되어 있다. 소, 돼지, 닭 이외에는 일반적으로 기타가축이라고 통칭하고 있다.

세계적으로는 우리나라의 축산법에서 규정하고 있는 가축 이외에도 열대지방에서 많이 사육하고 있는 물소, 사막지대에서 많이 사육하고 있는 낙타, 한대지방에서 많이 사육하고 있는 순록, 해발 3,000m 이상의 고산지대에서 많이 사육하고 있는 야크(yak), 알파카(alpaca) 등은 그 지역에서는 중요한 가축으로 되어 있다. 이 외에는 당나귀, 노새, 버새, 코끼리, 타조, 꿩, 청둥오리, 달팽이 등도 지역에 따라서는 주요가축으로 다루어지고 있다.

가축에 대해서는 제6장 1. 동물성 식품의 생산량 참고

2) 실험동물

과학연구를 위해 사용할 목적으로 사육되는 실험동물은 대부분의 가축이 포함되어 있지만

순수한 과학연구만을 위해 사용되는 실험동물로는 마우스(mouse), 랫트(rat), 기니아피그(guinea pig, mormot), 햄스터(hamster), 저빌(gerbil) 등이 있다.

3) 사역동물

동물은 수천년 전부터 인간이 사역을 시켜왔다. 그 종류도 가장 소형인 개에서부터 가장 대형인 코끼리에 이르기까지 수없이 많다. 사역동물의 경제적 중요성은 기계화된 선진국에서는 중요성이 감소되어 있지만 개발도상국에서는 아직도 많이 이용되고 있다.

(1) 말(horse)

약 5천년 전부터 인류는 말을 사역동물로 사용하였다. 초기에는 농업용보다는 전쟁을 할 때 군수물자를 운반하기 위해 주로 사용하였으나, 중세 이후 농업용으로 사용되었다.

전 세계에 현재 약 6,000만두의 말이 경운용, 기계의 동력, 운반용 등의 농업용으로 사육되고 있고, 승마나 경마 등의 스포츠용으로 사육되는 등 각각의 용도에 따라 다양한 품종으로 분화되어 있으나 거의 전부 사역용으로 사육되고 있다.

(2) 소(cattle)

약 9,000년 전부터 가축화된 것으로 추정되는 소는 종교행사의 제물용, 육용, 유용, 역용, 겸용 등으로 사육되어 왔다.

전세계에 현재 약 13억두의 소 중에서 약 5억두가 운반용, 경운용 등의 사역용으로 사육되고 있다.

(3) 당나귀(donkey)

약 5,000년 전부터 가축화된 것으로 추정되는 당나귀는 가난한 사람의 사역동물로 분류되어 왔다. 당나귀는 극히 나쁜 환경조건에서도 일을 할 수 있기 때문에 전세계적으로 널리 분포되어 있는 사역동물 중의 하나이다.

전세계에 현재 약 4,000만두가 사육되고 있으며 선진국에서는 사육이 거의 없어졌지만, 아프리카와 아시아 등에서는 분쇄기나 탈곡기의 동력, 경운용, 운반용 등으로 소규모 농업에서는 필수품이 되어 있다.

(4) 노 새(mule)와 버새(hinny)

약 2,800년 전에 암말과 수나귀가 교배되어 나온 노새는 잡종강세를 나타내어 튼튼한 다리와 인내력은 나귀를 닮고, 체력과 힘은 말을 닮아 운반능력이 우수하다.

전세계에 현재 1,400만두가 사육되고 있으며 주로 개발도상국에서 운반용이나 경운용으로 사육되고 있다.

수말과 암나귀 사이에서 태어난 버새(hinny)는 노새보다 능력이 못하기 때문에 거의 사육되지 않고 있다.

(5) 야　크(yak)

야크는 히말라야산맥에서부터 시베리아에 이르는 중앙아시아의 해발 3,000m 이상되는 산악지대에서 주로 사육되고 있다. 특히 해발 4,000~6,000m 이상되는 티벧지방에서 많이 사육되고 있는데, 해발 3,000m 이하인 곳에서는 오히려 활력을 잃는다.

(6) 물　소(water buffalo)

약 4,500년 전에 가축화된 것으로 추정되는 물소는 벼를 많이 재배하는 아시아에서 경운용, 벼의 수확, 탈곡 등의 사역용으로 사육하고 있다. 현재 약 1억 6,000만두가 사육되고 있고, 그 수가 증가하고 있다.

(7) 낙　타(camel)

낙타를 "사막의 배" 라고 부르는 것은 낙타의 역사적인 역할을 정확하게 표현한 말로 사막의 탐험과 교역에 있어서 낙타의 역할은 중세의 해양원정에 있어서 배의 역할에 조금도 손색이 없었기 때문이다.

세계에서 가장 나쁜 기후, 풍토에서도 무거운 짐을 운반하는 능력이 뛰어나 예로부터 동양과 서양의 교역에 이용되어 왔고, 200~300kg의 화물을 1일 20~35km 거리를 운반할 수 있는 능력을 갖고 있으며 아프리카와 아시아의 사막지대에서 현재 1,900만두가 사육되고 있다.

(8) 라　마(Llama)

약 4,000년 전에 가축화되었고, 남아메리카의 산악지대에서 현재 약 1,300만두가 주로 운반용으로 사육되고 있다.

(9) 순　록(reindeer)

스칸디나비아 반도와 시베리아 지방 등 북극권의 기후에 적응능력이 특히 강하고, 툰드라지방에서 썰매를 끄는 능력은 개나 말보다 뛰어나 140kg의 화물을 시속 13km로 1일 40~55km나 운반할 수 있는 능력을 갖고 있고, 승용으로도 활용되어 65kg의 화물을 1일 최고 80km 이상 운반할 수 있다.

(10) 코끼리(elephant)

아시아 코끼리는 약 4,000년 전에 가축화되었고 1두가 2t, 2두가 5t을 견인할 수 있으며, 동남아시아 지방에서 트럭이 들어갈 수 없는 삼림에서 벌목한 통나무를 운반하는데 주로 이용되고 있다.

⑾ 개(dog)

개는 에스키모나 인디안들이 옛날부터 빙판위에서 사냥을 할 때 썰매를 끌기 위해 주로 운반용으로 이용하였으며 8두가 600~700kg의 화물을 운반할 수가 있다.

개는 다른 동물의 사냥을 위해 인류가 최초로 사용한 동물로 야생의 개는 초기에는 인류와 먹이의 경쟁을 하였으나 인간과 협력하면 먹이를 서로 나누어 먹을 수 있음을 알게 되었다. 따라서 인간과 개가 협력하는 형태로 바뀌어 사냥을 함께하고 동물이나 집을 지키는 쪽으로 훈련되어 인류를 위해 여러 가지 역할을 하고 있다.

4) 수렵과 사냥에 이용되는 동물

(1) 치　타(cheetah)

치타는 고대 이집트에서부터 15세기 인도인에 이르기까지 카젤(casel, 사슴의 일종)을 사냥하기 위해 인간이 훈련시켰었지만, 인간이 사육해서는 번식을 시킬 수가 없었기 때문에 가축화는 되지 않았다.

(2) 흰족제비(ferret)

약 2,000년 전부터 가축화된 흰족제비는 유럽, 남미 등에서 토끼를 사냥하기 위해 이용하였다.

(3) 수　달(river otter)

수달은 중국의 당대(618~907년)에 중국 남부지방에서 물고기를 잡는데 사용하였고, 송곳니에 덮개를 씌워 고기를 잡았다. 인도에서도 19세기에 물고기를 상처없이 잡기 위해 유럽에서는 16~17세기에 수달을 물고기잡이에 사용하는 것을 보급하였다.

(4) 돼　지(pig)

돼지는 개만큼 후각이 발달되어 있으므로 유럽에서 11세기부터 지하 30~60cm 속에 있는 버섯(토오류)을 채취하기 위해 사용하였다. 특히 버섯에서 수돼지의 페로몬(pheromone)이 나오기 때문에 주로 암돼지를 이용하였다.

(5) 돌고래(dolphin)

돌고래는 1세기 경부터 프랑스에서 숭어 떼를 찾는데 이용되었고, 호주의 원주민들도 수세기동안 돌고래가 숭어 떼를 찾아 얕은 바다로 몰고 오면 작살로 숭어를 잡는다. 그러나 현대의 어업기술의 근대화와 대규모화로 어부들은 돌고래를 거의 이용하지 않고 있고 오히려 경쟁상대가 되어 있다.

(6) 원숭이(monkey)

원숭이는 미얀마, 수마트라 등 동남아시아에서 어린 원숭이를 포획하여 훈련을 시켜 코코낫, 야자 등을 따는데 이용하고 있다. 성장한 원숭이는 성질이 사나워서 어린 원숭이나 암놈이 주로 이용되고 있고, 수마트라에서는 과일을 따는 원숭이 훈련학교가 있을 정도이다.

(7) 비 비(baboon)

비비는 염소를 방목할 때 주로 사용하는데, 어미를 잃은 어린 염소의 어미를 찾아주는 역할도 한다.

(8) 매(hawk)

매는 동양에서는 기원전 1,200년부터 새나 토끼사냥에 이용하였고, 유럽에서는 9세기부터 귀족사회에서 유행한 스포츠가 되었는데, 근래에는 인도, 파키스탄, 사우디아라비아 등에서 활용되고 있다. 최근에는 제트기의 위험을 방지하기 위해 비행장에서 새 떼를 쫓는데에도 활용되고 있다.

5) 애완동물과 관상조

(1) 개(dog)

개는 인류역사상 가장 일찍 약 12,000년 전에 가축화되어 사육목적에 따라 목양용(herding group), 사역용(working group), 수렵용(sporting group), 애완용(toy group), 식용(meet group) 등으로 나누어 진다.

인간이 개를 애완용으로 처음 사용한 것은 유럽에서는 약 3,000년 전에, 동양에서는 후한시대(약 3,000년 전)부터로 추정하고 있다. 고대 바빌로니아에서는 포메라니칸(Pomeranican) 등의 소형견을 사육하였고, 그리스나 고대 로마사람들은 마르티스(Maltese)를 소형견으로 만들어 사육한 것이 애완견 사육의 시작이라고 한다.

애완견은 실내에서 기르는 경우가 많아서 실내견(bed dog)이라고 부르는데, 대체로 크기가 소형이거나 모습이 귀여운 것들이 많다.

최근에는 산업화와 도시화의 영향으로 사람들이 각 개인으로 소외되고 정신적으로 고독해지면서, 애정을 나눌 수 있는 상대로 애완견이 많이 이용되고 있는 실정이다.

(2) 고양이(cat)

고양이가 가축화된 것은 약 5,000년 전으로 인류가 정착생활을 하여 식량으로 곡물을 생산하면서 수확한 곡물창고에 쥐떼가 모여들어 쥐를 사냥하기 위해서 고양이를 창고지기로 활용하면서부터로 추정한다.

사람들이 쥐 때문에 고양이를 사육하기 시작하였지만, 고양이는 동작이 아름답고, 집안에서 기르기에 알맞고, 청결한 성격 때문에 처음에는 왕실이나 귀족사회에서 애완동물로 사육하기 시작하였는데, 사람들의 반려로 중요한 역할을 한다.

즉, 반려동물(companion animal)은 성장기의 어린이의 인격형성에 중요한 영향을 미치고, 노인들이 성인병이나 고독감에서 벗어날 수 있게 해준다.

(3) 관상조

인간이 야생에 서식하는 아름다운 새를 잡아서 기르고 즐기는 일은 인류의 역사와 같이 시작하였다고 할 정도로 오래된 일이다. 약 10,000년 전 신석기시대에 이미 신전 등의 건축물을 짓고 이들 건축물이 비둘기의 번식 장소로 제공되었다. 이집트에서는 약 7,000년 전부터 비둘기를 통신용으로 이용하였으며, 약 3,000~4,000년 전에는 가축화된 사육조가 등장하게 되었다.

유럽에서는 그리스, 로마시대에 새 기르기가 유행하였고, 그 당시 왕족이나 귀족은 자주 매사냥을 하였는데 당시로서는 최고의 스포츠였고 오락이였던 것 같다.

근대적인 새장을 사용한 관상조 사육은 14세기 이후 무역과 항해술의 발달로 멀리 떨어진 지역에 서식하는 아름다운 새를 접하게 되면서 깃털을 귀족부인들의 머리장식용으로 이용하였으며, 15세기에는 울음소리가 아름다운 카나리아를 스페인 선원들에 의해 유럽에 반입하였다. 사육결과 좁은 새장에서도 번식이 가능하여 17세기 초까지 유럽전역에 전파되었다. 중국에서는 앵무새와 공작새를 인도에서 수입하여 사육하였으며, 우리나라도 오래 전부터 왕실 및 귀족들이 대형조류를 사육한 기록이 있다.

경제여건이 호전되고 사회가 안정됨에 따라 관상조류의 사육자도 늘어나는 추세이고, 삭막한 도시생활에 여유를 줄 수 있는 관상조류의 사육이 대중화되었다. 우리나라에서 관상용으로 많이 사육되는 관상조에는 십자매(lonchura striata bengalese finch), 문조(paddy), 핀치류(finch), 카나리아(serinus canaria), 사랑새(잉꼬, budgerigar), 모란 앵무(love bird), 비둘기(columba livia), 금계(golden pheasant), 꿩(Korean ring-necked pheasant), 공작(peafowl), 원앙새(manolarin duck) 등이 있다.

6) 양 봉

벌은 약 4,000년 전부터 가축화되어 꿀을 생산했다. 현재 전세계에 약 500만명의 양봉가가 5,600만개의 봉분을 갖고 있으며, 1년에 120만톤의 꿀을 생산하고 있다.

꿀은 자연식품이나 건강식품에 대한 관심이 높아지면서 선진국에서의 소비가 계속 증가하고 있다.

벌은 꿀만을 생산하는 것이 아니고, 밀납(5,600t)과 로얄제리도 생산하고, 근래에는 식물의 온실재배가 많아지면서 온실 내에서의 화분매개에도 많이 이용하고 있다.

7) 양 잠

중국에서는 약 4,500년 전에 이미 양잠을 하였다는 기록이 있다.

뽕을 재배해서 뽕잎으로 누에를 기르고, 생사의 원료인 고치를 생산하는 것을 양잠업이라 한다. 양잠은 많은 노동력을 필요로 하기 때문에 임금이 싼 개발도상국에서 많이 하고 있으며 세계생사생산량의 65% 이상을 중국에서 생산하고 있다.

8) 어패류

어패류의 연간 수확량은 약 1억톤으로 농업생산량의 1%에 불과하지만, 어패류는 95% 이상이 동물성식품이다. 농업생산량은 94%가 식물성식품이고 6%만이 동물성식품이다. 따라서 동물성식품 생산량의 약 15%가 어패류이다. 이는 인류가 소비하는 단백질 총량의 6%를 어패류가 충당하고 있는 계산이다.

어패류의 1인 당 소비량은 연간 약 12kg이나 되지만 아프가니스탄인은 50g 밖에 소비하지 못하고 있고, 아이슬랜드인은 50kg 이상을 소비하고 있다. 어패류는 전부 인간의 식량으로 소비되지 않고, 어획량의 약 1/3은 어분(fish meel)으로 제조되어 돼지, 닭 등의 사료용으로 소비되고 있다.

최근에는 어획량은 감소하고 소비는 늘어나므로 어류의 양식산업이 매우 발달하고 있다.

전 세계적으로 어획량이 많은 어류, 갑각류, 패류의 종류와 어획량은 다음과 같다.

(1) 어획량이 많은 어류

대 구 : 500~800만톤
정어리 : 40~1,000만톤
고등어 : 200만톤
아 지 : 200만톤
청 어 : 100만톤
다랑어 : 100만톤
연 어 : 50만톤

(2) 어획량이 많은 갑각류

새 우 : 100~200만톤
게와 비닷기재 : 100만톤
연체동물 : 500만톤 (오징어 포함)

(3) 어획량이 많은 패류

굴 : 100만톤

조 개 : 50 ~ 100만톤
홍 합 : 50만톤
멍 게 : 20만톤

제3장 인간의 문화생활과 동물

1. 의식과 마술시대의 동물

1) 목격자의 증언

1880년 스페인의 변호사 "사우츠오라"는 산양, 말, 소 등의 동물들이 실물크기로 그려진 동굴벽화를 발견하였고, 1886년 또 다른 동굴(300m의 깊이)에서 곰, 사슴, 매머드 등이 그려져 있는 150여개의 벽화를 발견하였다. 원시시대의 화가들이 산화철과 과산화망간을 사용하여 벽화를 그렸고, 조각가들은 점토를 사용하였다는 것이 최초로 세상에 알려지게 되었다.

벽화는 우지와 산화철로 황색과 적색을 나타내었고, 과산화망간으로 갈색에서 흑색까지 다양한 색깔을 표현하였다. 벽화의 대부분에서 동물은 상처를 입고 있던가, 죽어 있었고 그 위에 돌도끼나 큰돌이 그려져 있는 것이 특징이었다. 또한 점토로 만든 동물상이 발견되어 원시인이 동물을 수렵하였던 것이 잘 나타나 있다.

2) 동물과 의식

원시인은 춤, 노래, 주문을 통하여 인간의 병을 퇴치하고, 동물의 유익한 성질을 자신의 몸에 간직하고 싶었던 염원을 갖고 있었다. 원시인은 식량을 얻기 위하여 안전한 수렵의 성공을 위한 예식을 행하였는데, 아프리카의 "마다카스칼" 원주민은 수렵에서 농료가 숙는다고 생각하고 고양이, 닭, 쥐 등의 수컷을 절대로 죽이지 않는 관습이 있었으며, 역병을 옮기는 바늘쥐를 먹지 않는 관습이 있었다.

독일에서는 오랫동안 올빼미가 정신병을 예방한다고 하여 올빼미의 심장과 오른 쪽 다리를 허리 밑에 차고 걷는 사람은 광견병에 걸린 개도 무섭지 않다고 하였고 실제로 이 미신은 19세기 말까지 존재하였다.

사람의 병을 동물의 몸에 집어넣으면 병을 치료할 수 있다고 생각하여 동물에게 먹이와 함께 병든 사람의 털 2~3개를 개나 돼지에게 주면 병이 동물에게 옮긴다고도 믿었다.

에스키모인은 물개가 만든 구멍에 물거품을 만들어 넣는 "물거품 축제"가 있는데 현재까지 이어져 내려오고 있다. 이렇게 하면 물개의 수가 늘어나 매년 많이 잡을 수 있다고 믿었기 때문이다.

2. 동물의 사랑과 숭배

1) Totem과 동물

Totem은 미국 인디안 말로 "종족의 어버이"를 의미한다. 즉, 인간의 조상은 모두 동물에서 나왔다고 생각하였다. 따라서 Totemism은 동물을 숭상하는 사상이라고 표현할 수 있다.

북미 인디안은 늑대의 용기, 힘, 독립심을 존경하여 자신의 조상이 늑대였다고 생각하고 종족의 상징으로 늑대를 그들 부족의 문장(紋章)으로 사용하였고, 또 북미 인디안은 곰 사냥을 나가기 몇일 전부터 그 전에 죽인 동물에게 산 재물을 드린 후 곰의 머리를 높은 기둥에 걸어놓고 예찬의 말을 아끼지 않았다.

2) 고양이에 대한 사랑과 미움의 역사

인간과 동물의 관계는 시대의 변화와 함께 실용적 관계 → 열애와 숭배 → 신격화 → 증오로 변하였다.

아시아로부터 쥐의 대군이 몰려온 후 고대 이집트인은 설치동물(쥐 등)을 절멸시키는 고양이의 능력을 높이 평가하여 고양이를 유익한 동물, 신성한 동물로 숭배하였다. 집에 불이 났을 때는 고양이를 제일먼저 구출하고, 다음으로 재산을 꺼내고 불을 진화시켰을 정도였다. 달과 풍요 그리고 출산의 여신인 "바스트"가 이집트인에 의하여 고양이 머리를 가진 여신으로 묘사된 데에는 위와 같은 이유가 있었기 때문이다.

여신에게는 호화로운 신전이 주어졌고, 고양이는 선택된 먹이를 먹으며 자신의 승려와 숭배자를 가지고 있었다. 고대 그리스의 역사가 "헤로도토스"에 의하면 축제일에는 고양이를 숭배하는 신전이 있는 거리에 70만명이 모였다고 기술하고 있다.

그들은 여신에게 금, 은, 청동으로 만들어지고 보석으로 장식된 수많은 여신상을 받쳤다고 전해진다. 그러나 먹이를 지나치게 많이 줘 게을러진 고양이가 더 이상 쥐를 잡지 않게 되었다. 고양이는 여신의 오빠인 위대한 태양신 "라"와 직접적인 관계를 가지고 있었다고 생각하였다. 즉 야행성동물인 고양이와 낮의 태양신 "라"와의 관계를 연결시킨 많은 징후는, 해가 높이 떠오를수록 고양이의 동공은 좁아지고, 반대로 해가 기울면 동공이 확대되고, 해가 완전히 져 어둠이 깔리면 동공은 완전히 열리고 눈은 작은 태양처럼 둥글게 되는 것은 태양신 "라"와 직접적인 연관이 있기 때문이라고 생각하였다.

고양이 때문에 이집트가 페르시아와의 싸움에서 졌다는 전설이 있다. 고대 페르시아의 왕

“칸스세스”는 이집트의 도시하나를 공격하려고 준비하면서 많은 수의 고양이를 잡아들였다. 그리고 이집트인 앞에서 잡아들인 고양이를 한꺼번에 풀어놓고 공격하기 시작하자 이집트인은 싸움을 하지 않고 항복하였는데, 이는 성스러운 동물인 고양이를 죽일 수 없었기 때문이었다.

고양이의 살해는 그것이 우연한 원인으로 발생되었다고 하더라도 사형에 처해졌고 종종 민중 자신들이 고양이 살해자를 사형에 처하기도 하였다.

집안에서 고양이의 죽음은 큰 불행이라고 생각하여 가족 전원이 눈썹과 머리털을 깎았고, 죽은 고양이는 미이라를 만들어 고양이 모습의 관에 넣어 장례를 치루었다. 때때로 이들의 관은 금과 은으로 만들어져 보석이 장식되었고, 특별 묘지에 매장되었다.

1860년 이집트의 “베니핫산” 근교에서 고양이 묘지가 발견되었는데 여기에는 18만마리의 고양이가 매장되어 있었다고 한다.

고양이의 숭배는 몇 세기에 걸쳐서 계속되었는데, 고대 이집트 문화가 소멸되었을 때에도, 이집트에 회교가 국교로 확립되고 아라비아 문화와 언어가 지배했을 때에도 고양이는 성수(聖獸) 혹은 매우 존경받는 동물로서 존속되었다.

13세기 고양이의 열광적인 숭배자로 애호가였던 “앨 다헬 피바루수”는 카이로 교외의 광대한 과수원을 고양이에게 헌납한다는 유언을 남겼다. 그 후 과수원은 고양이의 소유가 되었고, 수입은 고양이 특별기금으로 고양이의 먹이를 사는데 사용되었다.

고양이가 성수(聖獸) 또는 존경받는 동물로 인정되었던 시대에 생긴 습관이나 미신은 현재에도 많이 남아있다. 영국의 선원들은 만약 배에 검은 고양이가 있으면 이것은 항해가 확실하게 성공한 증거로 받아들여졌으며, 난파 중에 제일 먼저 고양이를 구하는 것은 이 때문이었다. 영국 “요크셔 주”의 해안지역에는 검은 고양이가 집에 있는 동안 어부는 바다에서 위험을 만나지 않는다는 미신이 있으며, 검은 고양이가 도로를 횡단하는 것을 보면 길조이고, 집안 또는 방안에 검은 고양이가 들어오면 주인에게 좋은 일이 기다린다고 하였다. 검은 고양이가 신부 가까이에서 하품을 하면 신혼부부에게 행복한 가정생활이 보장된다고 생각했다.

러시아에서는 고양이는 병을 낫게 한다고 생각하여 눈병이 나면 검은 고양이 꼬리로 눈 수위를 문지르면 눈병이 없어진다고 하였다 고양이가 하품을 할 때 안녕이라고 인사하면 이빨의 동증이 가라앉는다고 하였고, 고양이의 동작으로 손님이 오는 것과 비가 오는 것을 알 수 있었다. 즉 고양이가 얼굴을 닦으면 손님이 온다고 하였고, 발톱으로 긁으면 비가 온다고 하였다.

이상과 같은 이야기는 지금부터 700년 전까지 유럽 여러 나라의 일반 국민 사이에 널리 퍼져 있던 고양이에 관한 설화이다.

그러나 대부분의 경우 유럽의 많은 국가에서는 고양이 특히 검은 고양이가 악을 상징한다고 생각하였고, 지금도 그렇게 생각하고 있다. 이러한 원인은 동방(이집트, 그리스, 페르시아)에서 유래한 모든 것을 송두리 채 뿌리뽑겠다는 강대한 중세기의 교회가 동방에서 존경받았던 동물에게 화를 미쳤기 때문이며, 동물 중에서도 고양이가 최대의 희생자였다.

고양이는 "악마"로서 "악녀"라고 공포되었다.

고양이는 밤에 어디에 가고, 밤에 무엇을 하며, 왜 소리를 내지 않고 다니는가?

고양이는 어둠 속에서 그 눈이 왜 밝으며, 화냈을 때 품어내는 독기는 도대체 무엇이며, 지옥의 독기를 품어내는 것은 아닌가? 라는 이유를 들어서 중세기의 수도승들은 고양이를 악마, 귀축, 사탄의 앞잡이라고 하였다. 따라서 사탄과 관계를 맺고 있는 사람은 고양이의 얼굴로 변한다고 하였고, 마법을 사용한다는 죄를 뒤집어 쓴 여인과 함께 고양이도 불태워졌고 고문을 받았다.

중세기에는 수 십만명의 여인이 사형되었는데 그 중의 대부분이 고양이를 통하여 사탄과 관계를 맺었다고 하는 죄를 뒤집어 씌웠기 때문이다.

중세기 유럽의 여러 나라는 매년 정해진 날짜에 "마녀사냥"이 행해지는 관습이 있었는데, 이 날은 고양이를 잡아서 모두 죽이는 날로 기념하였다. 전설에 의하면 "성요한 축제"에서는 고양이를 익사시키고, 높은 탑에서 땅에 있는 돌 위에 던진 후 수백마리씩 불태웠다.

네덜란드에서는 특별한 "고양이의 수요일(대량으로 고양이를 살해하는 날)"이 설정되었고, 19세기 말 "이페룬"시에서는 이 수요일에 다량의 고양이를 높은 탑에서 던져 죽여 이 날을 기념하였다.

고양이 = 여신, 고양이 = 마녀사냥, 이것은 동물에 대한 사랑과 미움의 역사를 단적으로 나타내는 말이지만, 이러한 역사는 매우 특징적인 것이고 유일한 것만은 아니다.

3) 악마와 동물

"악마의 모습을 빌리지 않은 4발 달린 동물은 없다" 지금부터 수세기 전 프랑스의 유명한 수도승 "피엘 라우에"는 이렇게 쓰고 있다.

악마는 인간에게 공포를 주고 해를 끼치기 때문에 악마의 마법을 사용하는 사람을 끌고 가면 종종 네발 달린 가축의 모습이 된다고 그 당시 사람은 굳게 믿고 있었다.

마녀는 곧잘 고양이의 모습을 빌린다고 생각했는데, 이것은 매우 핑계대기 쉽기 때문이다. 의심 없이 어떠한 집에도 침입하여 훔치고, 대화를 엿듣고, 언제라도 사람에게 무엇인가 작은 나쁜 일을 충동질하기 때문이다. 그리고 훨씬 나쁜 일을 저질렀다 하여도 지붕 위에 모여 그들끼리 작전을 논의할 수 있기 때문이다.

마법을 사용하는 사람은 다른 동물로 변신할 수 있다고 믿었는데, 개로의 변신은 Guantropy, 수소로의 변신은 Hoantropy, 늑대로의 변신은 Ragontropy라는 전문적인 용어를 사용하였다.

12세기 영국의 여행가 "젤 웨이즈"는 영국에서 사람이 늑대가 되는 것을 종종 보았다고 기록하고 있고, 16세기 프랑스의 "돌리"시에서 사람이 늑대로 변한 모습으로 많은 어린이를 잡아먹었다는 죄로 "게레스토 가루니엘"이라는 사람이 사형에 처해졌다는 기록이 전해진다. 또한 17세기 "사비오 공국(이탈리아와 프랑스 영토)"의 상원은 몇 사람의 마법사를 사형에 처했는데 그 중에는 "크로드 헬로"라는 늑대 분신자가 있었다. Ragontropy는 독일과 러시아에서도 폭넓게 알려졌다.

4) 성자와 동물

동물이 신부의 말을 이해하고, 생각하여 명령에 따르고, 명령에 따르지 않을 경우, 죽어버린다고 하는 것을 증명하는 듯한 기록이 있다.

이탈리아의 "아오스토 주"에서 두더쥐가 대량으로 번식하여 농업에 막대한 피해를 입혔을 때, 농민은 이미 기적을 일으킨다고 알려진 "그라도"사제에게 두더지의 퇴치를 부탁하였다. 사제는 기도하여 두더지에게 도망가라고 명령하였지만 두더지는 이를 듣지 않았다. 그래서 사제는 두더지를 모두 죽이는 초자연력을 얻어서 이 명령을 듣지 않는 동물에게 주문을 외웠더니 두더지는 모두 죽고 말았다. 이탈리아 "그루노블"의 "유고"사교도 뱀이 농지를 황폐하시킨다는 농민의 걱정을 듣고 뱀에게 주문을 외웠으나 죽지는 않았지만 이 때부터 독사가 없어졌다고 한다. 17세기 쥬네브의 호수에서 헤아릴 수 없이 많은 뱀장어가 출현하였다. 뱀장어는 호수를 오염시켜 호안의 마을사람이 마실 물이 없을 정도로 증가하여 주민이 "로잔느"신부에게 없애줄 것을 청원하였다. 사제는 법의를 입고 많은 시종을 거느리고 호 안에 나타나 양손을 펼쳐 기도 드리고 몇 일 후 호수 표면에는 죽은 고기가 나타나기 시작하였다. 이 기적은 전국으로 그리고 국경을 넘어서도 알려졌다.

5) 중세의 동물재판

중세기에는 동물에 대한 소송사건이 넘칠 정도로 많았던 시기였다. 18세기 말까지 유럽의 많은 국가에서는 죄를 범한 동물이 재판에 회부되었다. 곤충이나 새, 포유동물이나 뱀 등이 여러 가지 형태로 매우 자세하게 재판되었는데, 취조는 심문과 고문으로 행해졌고 재판관 23명 진원 앞에서 고소인과 변호인이 발언하였다.

당시에는 이러한 동물재판에서 일어나는 일들에 대하여 놀랄 사람은 하나도 없었다. 왜냐하면 동물이 의식적으로 행동하고 있다고 생각했기 때문에, 동물도 인간이 만든 모든 법률에 따라 자신의 행동에 책임을 지지 않으면 안되었기 때문이다.

당시의 소송사건은 민사소송과 형사소송의 2가지 범주로 구분할 수 있었는데, 특히 민사소송에서는 신의 창조물에 대한 존엄성이 존중되었다.

1120년에는 이탈리아의 "로잔느"사제는 법정의 판결에 불복한다고 배추벌레, 들쥐, 파리를 파문하였다. 1479년과 1545년에는 스위스에서 곤충에 대한 재판이 이루어졌고, 1480년 프랑스의 변호사 "바솔로뮤 샤리네"는 지렁이에 대한 변호를 맡아 출세하였다.

1268년에는 프랑스에서 어린이를 불구로 만든 어린 돼지가 유죄 판결을 받았고, 13세기에는 암돼지가 새끼를 잡아먹었다고 교수형에 처해졌다. 1314년에는 수소가 사람을 습격한 죄로 교수형에 처해졌으며, 1389년에는 사람을 죽인 말이 사형되었고, 1442년에는 늑대가 2명의 소녀를 살해했다는 죄명으로 사형되었다.

1712년에는 브라질에서 흰개미에 대한 재판이 이루어졌고, 13세기 초부터 17세기 말까지 프랑스에서만 동물에게 약 100건의 사형을 언도하였다. 또한 1796년에는 독일에서 수소가 가축의 질병원이 되었다고 생매장되었다.

6) 고대세계의 창조주

우리의 먼 선조는 인간은 동물로부터 나왔다고 굳게 믿었다. 예를 들면 고대 이집트에서는 하늘과 땅을 창조한 태양신 "라"가 새의 모습으로 알로부터 나왔다고 믿고 있었다.

오스트랄리아에서는 "분지리"와 "파리안"이라고 하는 2마리의 새에 대한 신화가 있다. 한 마리는 대지와 인간, 수목과 동물을 창조하였고, 다른 한 마리는 물과 물고기를 창조하였다. "위대한 캥거루"의 전설에서는 캥거루의 간이 언덕이 되었고, 캥거루의 뼈는 돌이 되었고, 돌로부터 인간이 출현하였다고 하였다.

뉴질랜드 마오리족의 신화에는 바람에 놀란 동물과 새가 인간을 버리고 도망하였는데, 여기에 격노하여 인간은 물고기를 망으로, 동물은 우리에 가두어 기르기 시작하였고 후세의 사람들에게도 전하였다.

원시시대의 인간은 죽인 사슴 그림을 그렸고, 마술의 춤을 추었으며, 주문을 외우고 사악한 혼을 꾸짖고 선량한 혼에게 수렵을 돕도록 기원하였다. 그 후 인간은 혼이 아닌 신을 숭배하게 되었다. 그리고 신은 많은 민족에서 동물의 모습으로 나타났고 이 동물들은 숭배되어 "신"으로 받들어졌다.

고대국가 사람은 실용적인 의미를 갖는 동물을 "신"의 지위까지 끌어 올렸는데, 그 대표가 되는 동물은 가축이었다. 야생동물로서는 실제로 이익을 주는 동물 혹은 인간의 관념 중에서 이익을 주는 동물이 "신"의 지위를 얻었고 나중에는 동물숭상이 종교로 변하였다.

이집트에서 주신의 하나인 "오시리스"의 혼은 수소에 머물고, 그 누이동생 "이시스"의 혼은 암소 가운데 머물고 있다. 따라서 이집트의 신성한 동물 가운데 수소가 제1위를 차지하고 많은 이름을 갖고 있었다. 1851년 카이로 근교에서 프랑스의 고고학자는 땅속 깊은 곳에서 거대한 분묘를 발견하였는데 흑색과 적색의 화강암의 석관에서 암소의 미이라가 발견되었다. 그밖에 개는 홍수를 예견하는 별과의 관계가 깊다는 이유로, 따오기는 해충과 뱀을 잡아먹는다는 이유로, 쇠똥구리는 작은 몸집으로 큰 똥 덩어리를 옮긴다는 이유로 국민들에게 근로의욕을 높이기 위한 수단으로, 그리고 부엉이는 지혜의 새로 동전과 메달에 각인되었으며, 악어는 나일강의 물을 가지고 온다는 믿음 때문에, 원숭이는 맹수로부터 토지를 지켜주고, 신선한 물을 찾아준다고 믿음으로 신격화되었다.

페르샤의 성서에는 "암소에는 우리들의 힘이 있고, 수소에는 우리들의 요구가 있다. 암소에는 우리들의 먹을거리가 있고 수소에는 우리들의 승리가 있다"고 기록되었다. 고대 페르샤인, 인도인, 크레타 섬의 주민, 아프리카 흑인종족, 고대 그리스인도 암소를 신격화하였지만, 이집트 만큼 "암소숭배"가 성했던 나라는 없었다.

인도에서는 사람이 죽으면 사람의 혼이 동물로 옮겨간다는 윤회설이 지배적이었고, 힌두교의 주신의 하나인 "비슈누"는 물고기, 거북이, 멧돼지, 돼지로 변한다고 하였다.

새의 암컷과 공작은 경계심과 자랑을 나타내며, 흰 수소는 정의와 덕을 나타내고, 호랑이와 까마귀, 뱀은 흉악의 상징으로 표현되었는데, 존경받고 침해당하지 않는 신성한 동물은 무한에 가까웠다. 따라서 죽이거나 때리는 것을 금기사항으로 여겨 벼룩이나 모기, 파리를 죽일 권리가 없다고 믿었다. 가장 존경받는 동물은 암소(비슈누 신의 충실한 친구), 흰 코끼리, 원숭이였다.

인도에서는 승려계급인 브라만의 살해가 가장 중벌을 받지만, 계획적으로 고의적으로 암소를 죽이면 브라만을 살해한 죄와 같아서 사형에 처하였다. 우연하게 암소를 죽이면 삭발을 당하고 1개월간 보리밥만을 먹고, 죽인 암소 가죽을 뒤집어쓰고 살아야 했고, 이것이 끝나면 2개월 간 하루에 2번씩 다른 곡물을 소금 없이 소량을 먹을 수 있었다. 죄인은 벌을 다 받은 후에 승려에게 암소 10두와 수소 1두를 바치던가 자기의 전 재산을 압류 당해야만 했다.

현재 인도 전체의 암소는 약 2억두로 추산되고 있는데, 이를 쇠고기로 판매할 경우, 연간 인도 방위에 필요한 금액과 거의 같은 금액이라고 한다

불교를 신봉하는 지역에서는 흰 코끼리를 가장 신성한 동물로 생각하여 흰 코끼리를 얻기 위하여 전쟁을 선포하고 장기간 유혈분쟁도 서슴치 않았다.

어느 종의 원숭이가 숭배되어 매일 많은 먹이를 주는 사원과 원숭이 전문병원이 있을 정도였다.

제 4 장 현대사회와 동물

현대사회에서 동물의 위치는 전통적으로 식량자원을 위한 가축, 운송을 위한 도구의 개념으로부터 많은 변화를 겪고 있다. 현대사회에서 동물은 개와 고양이와 같은 반려동물로서의 역할과 승마 등의 레저산업에 필요한 역할 및 인간과 동물의 유대관계를 이용한 동물매개치료의 역할뿐만 아니라 생명산업의 발달에 따른 실험동물로서의 역할 등 그 중요성이 과거에 비해 크게 확대되고 있다.

1. 반려동물과 인간

반려동물(companion animal)이란 사람과 함께 더불어 살아가는 동물을 말한다. 애완동물(pet)이라고 하면 인간이 일반적으로 즐기거나 사랑하는 관계의 동물을 의미하며 움직이는 장난감(toy)이나 관상을 위한 취미활동으로서의 역할이 크다고 할 수 있다. 그러나, 현대사회에서 애완동물은 주인의 고독한 인생에 따뜻한 활력을 불어넣어주고, 대화의 상대가 되기도 하고, 산책 등의 규칙적인 생활을 함께할 수 있게 하는 동기를 불어 넣어주기도 하며, 장애를 극복하는 힘이 되어주기도 한다.

미국에서 애완동물을 사육하는 이유를 조사한 결과에 의하면 생활의 동반자(71%), 사랑과 애정의 대상(53%), 취미생활(39%), 경비 및 보호용(36%) 등의 목적 순으로 응답하여 다양한 혜택을 인간에게 제공하고 있음을 알 수 있다.

반려동물로서 애완동물의 가장 큰 장점은 그들의 대체성과 지속성에 있다고 할 수 있다. 애견은 결혼을 해서 주인을 쓸쓸히 혼자 남겨두거나 혹은 새로운 주인을 섬기거나 하는 일이 없기 때문에 그들이 죽음에 이르기 전까지는 언제나 충성스럽게 주인을 섬길 것이다. 이러한 애완동물과의 생활을 통한 교감은 인간의 신체적, 정신적 영역에 긍정적 영향을 줄뿐만 아니라, 인간의 사회성에도 큰 영향을 미치는 것으로 알려져 있다.

따라서 현대의 애완동물은 기존의 수동적인 사랑을 받는 개념에서 벗어나 때로는 인간에게 협력하여 그의 능력이나 행동이 인간을 위해서 쓸모가 있을 것으로 기대되고 있으며, 이런 의미에서 애완동물을 반려동물로 부르게 되었다.

사람과 반려동물은 일방통행이 아니라 서로가 도움을 주는 왕복의 관계이며, “인간과 동물의 유대(human animal bond, HAB)"적인 측면에서 인간과 매우 긴밀한 관계를 맺고 있다. 반려동물의 범위는 나라, 문화, 생활 기타 많은 요인에 따라 다를 수 있다. 예를 들면 서양에서는 말(馬)도 반려동물로 받아들이고 있다. 대부분 초지를 갖춘 주택에 거주하는 서양문화에서는 본인 소유의 말을 방목하는 경우가 흔히 있으며, 그들이 사육하는 말과 매일 승마를 통한 정기적인 접촉을 하며 교감을 하기 때문에 반려동물로서의 역할을 할 수 있는 것이다. 그러나, 우리나라와 같이 말을 접하기 힘든 나라에서는 반려동물의 범위는 개와 고양이를 들 수 있을 것이다.

1) 개

(1) 개의 기원

① 구석기시대 후반기부터 동반자로 추정 (12,000~20,000년전)
② 맹수의 접근 감시/집 지키기
③ 동반 사냥 등 상부 상조
④ 가축화한 지역 : 덴마크 발틱해 연안, 늑대로부터 순화, 포유동물 중에서 가장 먼저 가축화된 것으로 추정

(2) 현대사회와 개

① 친구로서의 반려동물 (companion animal)
② 가족의 일원 (가축의 범주에서 벗어남)
③ 복잡한 사회 생활에서 오는 압박감이나 스트레스 해소
④ 생명의 신비, 사랑의 마음, 생명의 존엄성을 느끼게 해줌
⑤ 치료견, 안내견, 청도견, 구조견, 탐지견 등으로서의 역할

(3) 개의 품종

개는 다른 동물에 비해 너무나도 많은 다양한 품종을 가지고 있다. 실례로 머그 컵에 들어갈 정도로 작은 치와와부터 90kg 정도나 되는 송아지만한 크기의 세인트버나드까지 다양한 품종이 전세계적으로 등록되어 있다(그림 4-1).

개의 품종을 분류하는 기준은 각 나라마다 차이가 있으며 그룹을 구성하는 품종에도 차이가 있다. 세계애견연맹(FCI)은 개의 품종을 표 4-1과 같이 10그룹으로 분류하고 있다.

[표 4-1] 개의 품종 분류

그룹	대 분 류	품 종
1	목양견 그룹(Sheep dogs & cattle dogs)	콜리, 저먼세퍼드 등
2	사역견(Pincher, Schnauzer, Molossian types & Swiss cattle dogs)	미니어쳐핀셔, 삽살개, 불독, 시베리안허스키, 복서, 도베르만핀셔, 도사견, 아키다, 알라스카 마라뮤트, 로트바일러, 그레이트덴, 나스티프, 세인트버나드 등
3	테리어그룹(소형 조렵견 Terrier)	요크셔테리어, 보스턴테리어, 슈나우저, 폭스테리어, 불테리어 등
4	닥스훈트 견종(Dachshunds)	닥스훈트 등
5	스피츠와 프라이미티브 견종 (Spitz & primitive types)	포메라니언, 일본스피츠, 진돗개 등
6	후각수렵견종(Scent Hounds)	비글, 바셋하운드, 아메리칸폭스하운드 등
7	조렵견종(포인팅견종, Pointing dogs)	포인터 등
8	영국 총렵견종(Retrievers, Flushing dogs & Water dogs)	코커스파니엘, 래브라도리트리버, 골든리트리버 등
9	반려견 애완견종(Companion & toys)	말티즈, 푸들, 치와와, 페키니즈, 시추, 퍼그 등
10	시각수렵견종(Sight Hounds)	아프간하운드, 그레이하운드, 보르조이 등

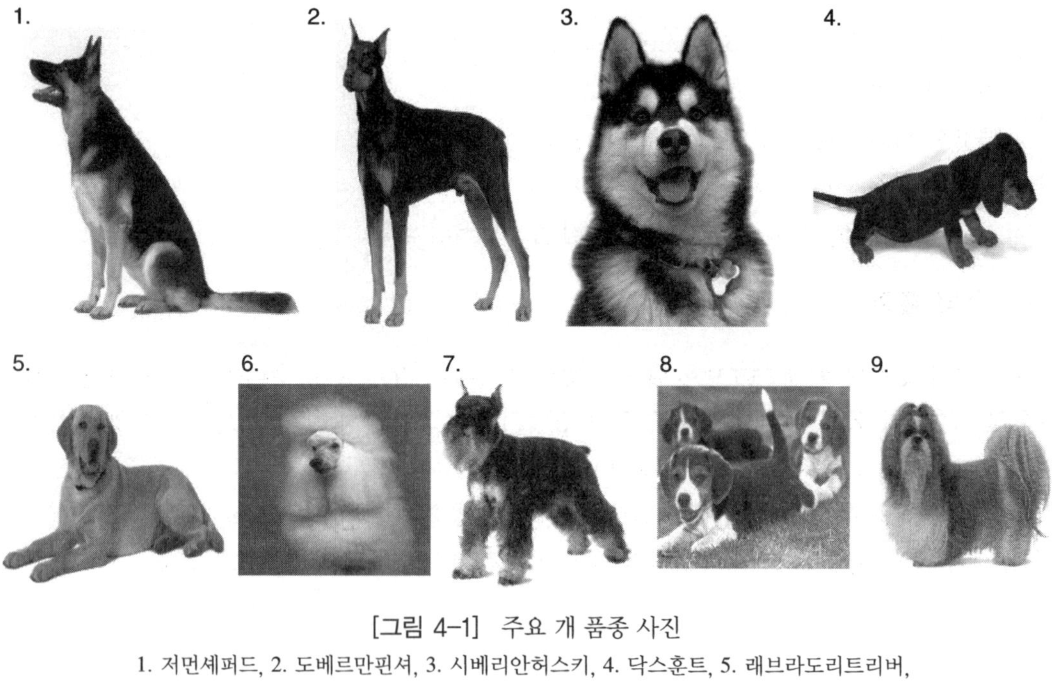

[그림 4-1] 주요 개 품종 사진

1. 저먼셰퍼드, 2. 도베르만핀셔, 3. 시베리안허스키, 4. 닥스훈트, 5. 래브라도리트리버, 6. 푸들, 7. 미니에이쳐슈나우저, 8. 비글, 9. 시추

(4) 인간과 개

과거에 개는 인간에 대한 야생동물로부터의 공격을 감시하거나, 사냥, 수렵 및 양과 소를 지키는 용도로 사육되었으나, 현대에는 반려동물로서의 역할이 더욱 대두되고 있다. 개와 사람의 나이를 비교하면 표 4-2와 같이 개는 대략 15~16년에 수명을 다하는 것을 알 수 있다. 이 기간 동안 사람과의 만남을 통하여 어린이와 청소년에게는 친구로서, 장년의 어른에게는 산책 및 조깅의 동반자로서, 노인에게는 정을 주고 받을 수 있는 자녀와 같은 존재로서 역할을 할 수 있으며, 이러한 역할은 현대생활에서 다른 활동을 통하여 얻을 수 없는 무한한 사랑과 감동을 주고 받게 된다.

(5) 특수목적을 수행하는 개

현대사회에서 개는 반려동물의 성격이 강하지만 구조견, 탐지견, 안내견, 청도견 등의 특수목적의 역할을 수행하는 개도 있다. 특수목적을 수행하는 개는 타고난 품종의 특성도 중요하지만 그 능력을 발휘할 수 있도록 강도 높은 훈련을 통과하여야 한다.

가. 경찰견

본능적으로 예리한 후각, 수렵본능, 용감한 투쟁심을 이용해서 경찰의 활동을 돕도록 훈련받은 개를 말한다.

경찰견으로 주로 이용되는 품종은 셰퍼드, 도베르만핀셔, 에어데일테리어 등이 있다.

나. 안내견

시각장애인의 안내를 위하여 훈련을 받은 개로 성질이 온순하며 머리가 좋은 개이다. 국내에서는 삼성안내견학교에서 일정한 수준의 훈련을 받은 안내견이 시각장애인의 신청에 의하여 분양되어 시각장애인이 사회생활에 기여하고 있다. 시각장애인도 안내견과 함께 일정 기간 교육을 이수하여 함께 적응시간을 갖게 함으로서 안내견의 인도에 신뢰를 갖게 한다.

안내견으로 이용되는 품종은 래브라도리트리버, 셰퍼드, 에어데일테리어 등이 있으나 래브라도리트리버가 주로 이용되고 있다.

다. 청도견

청각장애인을 돕기 위하여 성질이 온화하고 반사신경이 예민하며, 머리가 좋은 개를 훈련하여 이용한다. 실내에서 청각장애인과 함께 생활하여야 하기 때문에 소형견이 많이 이용된다.

미니에이쳐핀셔, 푸들 등의 실내견이 주로 이용되고 있다. 청도견은 알람 시계의 벨이 울리거나, 초인종이 울리거나, 전화벨이 울리는 경우, 아이가 우는 경우 등의 소리에 반응하여 주인에게 알려줌으로써 청각장애인의 생활을 도울 수 있다.

라. 구조견

조난자를 돕기 위하여 훈련받은 개로 세인트버나드, 뉴파운드랜드, 래브라도리트리버 등이 이용될 수 있다. 산악지역에서 조난자를 찾기 위한 구조견의 활동은 익히 잘 알려져 있다.

국내에도 119구조대에 구조견이 배치되어 조난구조 활동을 벌이고 있다.

마. 탐지견

마약류의 수사활동이나 폭발물 등의 탐색 등에 이용되는 개로서 후각이 예민하고 머리가 좋은 개를 특별히 훈련시켜 이용한다. 주로 셰퍼드 또는 래브라도리트리버 등을 이용하고 있다.

국내에서도 공항에서 마약의 밀매 등을 감시하기 위하여 마약탐지견이 공항 수화물을 감시하는 모습을 목격할 수 있다.

바. 치료도우미견

동물매개치료(AAT)에 이용되는 개로서 성격이 온순하고 친화성이 있어야 한다. 주로 래브라도리트리버, 골든리트리버 등이 이용되고 있으며, 정신건강의 회복을 위하여 심리치료의 한 방법으로서 활용된다.

[표 4-2] 인간과 개의 나이 비교

개	인 간	개	인 간
2월	14월	7년	49년
6월	5년	8년	56년
8월	9년	9년	63년
12월	14년	10년	65년
18월	20년	11년	71년
2년	24년	12년	75년
3년	30년	13년	80년
4년	36년	14년	84년
5년	40년	15년	87년
6년	42년	16년	89년

2) 고양이

고양이는 개와 더불어 대표적인 반려동물이다. 고양이는 개와는 다른 많은 특성을 갖고 있으므로 반려동물로서 개와 고양이를 자신의 성격이나 특성에 맞게 선택할 수 있다. 고양이는 서양의 경우에 개보다 더 많은 수가 반려동물로서 사육되고 있다.

우리나라에서는 반려동물로서 고양이는 많이 보급되어있지 않지만, 최근에 그 수가 늘어가고 있는 실정이다.

(1) 고양이의 기원

① 약 5천년 전 아프리카 북부 리비아산 야생고양이로부터 가축화
② 고대 이집트에서는 신성시함
③ 과거 쥐의 폐해를 막기 위하여 주로 사육
④ 현대사회에서 반려동물로서 역할 확대

(2) 고양이의 품종

장모종과 단모종으로 구분할 수 있으며 품종이 매우 다양하고 품종별 체형과 털색이 다양하며 아종이 발달되어 있다.

[표 4-3] 고양이의 분류 및 품종

분 류	품 종
장 모 종	페르시안, 히말라야, 발리니스, 소말리, 버만, 아메리칸컬, 터키시앙고라, 터키시밴 등
단 모 종	샴, 미얀마, 러시아블루, 망스, 렉스, 아비시니안, 아메리칸 숏헤어, 익조틱, 옥시캣, 봄베이 등

2. 동물과 레저산업

레저산업에서 활동하고 있는 대표적인 동물은 말이라 할 수 있다. 말을 이용한 레저산업은 경마와 같이 말의 스피드 경기를 관람하며 즐기는 여가활동과 직접 말을 타고 달리는 즐거움을 얻을 수 있는 승마산업으로 나누어 볼 수 있다. 두 분야 모두 수요가 꾸준히 증가하고 있으며, 바쁜 현대사회에서 갖게 되는 스트레스의 해소에 도움을 주는 것으로 보고되고 있다. 더욱이 승마는 정기적인 승마활동으로 건강에 도움을 줄 수 있으며, 자신감 회복 등의 긍정적인 면이 많이 부각되고 있다.

승마활동을 이용한 장애 아동들의 자신감 회복 및 정신적인 안정감을 찾게 하는 데에도 기여하는 것으로 보고되고 있어 최근에는 승마요법(Hippo therapy, Equine therapy)이 시도되고 있다.

1) 경 마

경마의 기원은 인간이 말을 가축화한 시기와 같을 만큼 오래되었다고 한다. 경마에 관한 최초 기록은 BC 800년 경 그리스의 시인 호메로스의 '오디세이' 중에 전차 경마에 관한 기록이라 할 수 있다. 하지만 공식적인 기록은 BC 776년 그리스의 아킬레우스 장군이 친구의 장례식을 한 후에 마차 경주를 행한 것이고, 같은 해에 열린 올림픽 제전에서는 4필의 말이 끄는 마차경기가 최초로 생겨나고, 이 후 제 33회 올림픽제전 때에는 사람이 기승한 경마가 처음으로 등장했다.

오늘날과 같은 형태의 경마는 중세기에 영국에서 등장한 말을 타고 사냥하는 게임에서 발전한 것으로 생각된다. 영국에서 중세에 행하여지던 사냥 게임은 말을 타고 들로 나가 여우 · 토끼를 사냥하는 용감하고 씩씩한 스포츠로 귀족들 사이에서 인기를 모았다. 그것은 각자가 가지고 있는 말의 능력을 겨루게 하였고, 자기의 기마술을 과시하는 방법이 되기도 하였다.

경마라는 용어는 1174년 영국의 헨리 2세 때 미스필드에서 개최된 경주에서 처음 사용되었다고 한다. 1540년에는 경마 전용시설인 경마장이 출현하였다. 찰스 2세(1630~1685)는 뉴마메켓과 에프솜에서 개최되는 경마를 참관한 후 상금을 하사하였고, 스스로 말을 타고 달릴 정도로 경마에 열중하여 '경마의 아버지'라 하였다. 1750년 경 뉴마켓을 본거지로 자키클럽이 경마 관계자들에 의하여 조직되었고, 영국의 경마계에서 통할기관으로서 지위를 굳혀 갔다. 18세기 말까지는 공식 경마성적서, 서러브레드(Thoroughbred)의 혈통등록서가 창간되고, 직업으로서 조교사 · 기수가 등장하였다.

1780년에는 현대경마의 기원인 더비(Derby) 등 클래식 경기도 차례로 창설되어, 19세기 초에 오늘날과 같은 형태로 정비되었다. 영국에서 발전한 경마는 18세기 말부터 19세기 초에, 프랑스를 중심으로 유럽을 거쳐 오스트레일리아, 남아프리카공화국, 미국 등지로 전해졌다.

우리나라에서 서구식 경마가 처음 열린 것은 1898년 이후로 나귀경주 또는 기병경마 등으로 선을 보였다가 1922년에 본격적인 경마가 시행되기 시작했다. 일제 시대인 1922년 조선경마구락부가 창립된 것을 계기로, 전국 각 대도시에 경마클럽이 생기기 시작했고, 대중적인 인기를 얻으며 발전했다.

1942년에는 조선마사회(현재 한국마사회)가 창설되었다. 한국 전쟁 이후, 뚝섬 경마장에서 경기를 개최하다가, 오늘날에는 과천 · 부경 · 제주 경마장에서 경기를 개최하고 있다.

고대의 경마는 중세 유럽의 왕족, 귀족이 자신이 소유한 말의 능력을 비교하는 수단으로 시작하였으나 점차 우수한 말을 선정하여 종마로 활용하여, 국력을 배양하는 수단이 되기도 했다.

이에 반하여 현대경마는 다수의 관람객이 경주하는 말을 보는 레저로서의 즐거움과 마필 생산을 비롯한 경마 관련산업을 발전시키는 한편, 경마 수익금의 사회환원으로 사회공익에 기여하고 있다.

오늘날은 중국, 이스라엘 같은 일부 나라를 제외하고 대부분의 나라에서 경마가 개최되고, 국제성이 강한 스포츠 오락으로서 지위를 확보하였다. 처음 귀족과 같은 일부 계급을 위한 취미로서, 말의 품종 개량을 위한다는 대의명분으로 이루어졌으나, 규모의 확대에 따라 점차 대중화되었고, 일반시민을 위한 건전한 오락으로서 강조되고 있다. 경마는 국가와 지방자치단체의 중요한 재원으로서도 한몫을 차지한다.

2) 승 마

스포츠로서의 승마의 기원은 기원전 7세기로 거슬러 올라갈 수가 있을 것이다. 기원전 648년 제33회 고대올림픽에서 인간이 직접 말을 타고 출전한 이래 유럽에서는 꾸준히 승마가 발전해 왔고, 1912년에 국제승마연맹(International Equestrian Federation, FEI)이 파리에서 창립됨으로써 근대적 승마로의 발전을 하게 되었다. 승마는 크게 나누어 레저승마와 경기승마로 구분될 수 있을 것이다.

한국의 승마는 고대사회에서부터 시작되었다. 즉 농경 및 교통수송수단으로 이용되는 한편 전쟁에서는 꼭 필요한 전쟁수행 수단으로 발달되었으며 기사(騎射) · 기창(騎槍)이라 하여 궁시(弓矢)나 장창 · 도검(刀劍)과 더불어 중요한 무예기술의 하나였다. 특히 중국에서 전래되었다는, 말을 부리며 장대로 공을 치는 격구(擊毬)라는 스포츠는 일찍부터 성행하였다.

한국의 승마가 무예로서 본격적으로 발달한 것은 조선시대 광해군 때부터 무과 채용고시에 포함된 마 상재(馬上才)라는 승마기술이 대두한 때부터이다. 마상재는 한국 승마 자체의 독자적인 발달을 이루는 데 큰 몫을 하였다.

조선 후기에는 러시아로부터 좋은 말이 들어오고 현대식 마구(馬具)가 수입됨으로써 서구식 승마가 도입되었다고 추측된다. 그 후 일본의 지배를 받으면서 1934년 현대시설을 갖춘 승마구락부가 일본인에 의해 서울운동장 축구장 뒤쪽에 처음 설립되어 1980년대 중반까지 존속했으며, 1935년 제3회 전조선승마대회 장애물비월경기에서 민병선(閔丙瑄)과 권태갑(權泰甲)이 일본인을 물리치고 패권을 잡음으로써 한국인에 의한 승마계의 발전이 결정적으로 촉진되었다.

승마란 생명이 있는 말과 일체가 되어야 하는 특수한 성격을 지닌 운동으로서 신체를 단련하고 기사도 정신을 함양하여 호연지기를 기르는 스포츠이다. 물질문명의 메카니즘에 함몰된 현대인은 자신도 모르게 본래 지녔던 낭만과 대담성을 실종 당하고, 왜소해진 인간성은 이기주의와 탐욕에만 눈이 멀어 기계문명의 부품 속으로 전락한 느낌이다. 현대인이 원시에의 희구를 갈구하며 그 희구에 부응하는 대표적인 것이 말이며 그 말과 함께하는 운동이 승마라고 할 수 있겠다.

승마는 신체의 평형성과 유연성을 길러 올바른 신체발달을 돕는 전신운동이며, 대담성과 건전한 사고력을 길러주는 정신운동이며 동물애호정신 함양으로 인한 인간애를 가져다 주는 운동이라고도 할 수 있다.

승마의 효과로 아래와 같은 내용들이 알려져 있어 건강을 찾으려는 현대인들이 즐겨볼 수 있는 레저로 각광을 받고 있다.

① 신체를 바르게 교정해준다.
② 허리가 유연해진다.
③ 신체의 리듬감을 기른다.
④ 정신 집중력을 기른다.
⑤ 대담성과 건전한 사고력을 키우고 동물애호정신을 가지게 된다.
⑥ 폐활량이 늘어난다.
⑦ 담력을 북돋운다.
⑧ 여성들에게는 몸매관리에 좋을 뿐만 아니라 골반이 튼튼해 진다.
⑨ 전신율동으로 위장병 등 소화기계통의 건강에도 도움을 준다.

3) 기 타

동물과 함께 하는 레저는 경마와 승마 이외에도 개와 함께하는 프레스비 등을 들 수 있다.

프레스비는 원반을 던져 개가 받아오는 게임으로 사람과 동물의 일체감을 맛볼 수 있는 즐거움을 준다. 또한 야외에서 원반을 던지고 개와 함께 활동하면서 운동량이 증가하고 정신적인 즐거움을 얻어 신체와 정신에 모두 유익한 작용을 주는 것으로 알려져 있다.

3. 인간과 동물의 유대관계

인간과 동물의 유대관계(human and animal bond, HAB)는 정신과 전문의에 의하여 많은 연구가 되고 있으며, 현대사회에서 반려동물과 인간은 다른 어느 것보다도 강한 HAB를 형성하고 있다.

인간과 동물은 오랜 역사 가운데 함께 노력하며 생활하여 왔었고, 사람과 동물이 자연과 함께 어울려 생활하던 그 시대에는 그렇게 화제가 되지 않았었지만 근래에 와서 동물과의 관계와 만남이 되어 있는 지금, 왜 주목하고 이를 위해서 노력하기 시작하는가 하면 악화되어 가는 지구 환경 가운데 자연과 동물과의 만남의 기회를 잃어서 사람의 영육에 위험을 느꼈기 때문이라고 본다.

1970년대부터 세계각국에서 사람과 동물과의 묶음을 중요시하는 활동이 시작되었다. 이러한 활동의 중심이 된 것은 수의사나 정신과 의사였으며 1978년 워싱턴 주립대학에서 제1회 회의를 개최하였었다. 이를 계기로 하여 세계 각지에서 활동을 추진하는 그룹이 탄생하였다. 그 중에서도 세계적인 활동을 주동하는 미국의 델타소사이어티는 1970년대 초에 동물이 인간의 중요한 동료로 인식하는 전문가의 작은 그룹, 델타 파운데이션으로 발족하여 1981년 공익법인으로 하여 전 미국 사무국을 가져 인간과 동물의 상호작용에 관하여 세계적인 정보 센터로서 프로그램의 입안과 실천, 조사연구. 교육과 봉사, 정기간행물의 발행 등 활발한 활동을 하며 미국, 캐나다, 호주에 지부를 갖고 있는 단체로 발전하였다.

최근 동물과 인간의 이러한 끈끈한 유대관계를 이용하여 심리치료를 하려는 시도가 정립되고 있으며, 축적된 자료에 의하여 치료의 한 분야로 자리 매김을 하고 있다. HAB를 이용한 심리적인 안정감을 찾는 활동을 동물매개활동(animal assist activity, AAA)이라고 하며, 이를 이용한 적극적인 치료개념의 활동을 동물매개치료(animal assist therapy, AAT) 또는 동물요법(animal therapy)이라고 한다.

반려동물과 가족과 같이 생활하면서 자연히 얻게 되는 정신적인 건강 효과를 이용한 치료를 반려동물요법(companion animal therapy, pet therapy)이라고 한다.

또한 AAT에는 승마를 통한 장애 아동들의 정신 건강 효과를 얻을 수 있는 재활승마치료(hippo therapy, equine therapy)도 있다.

1) 동물매개치료(Animal-assisted therapy)

(1) 인간과 동물의 유대

가. 인간과 동물의 상호반응에 대한 신체적 반응

Blalock과 Smith, Livnat 등은 중추신경계뿐만 아니라 면역시스템에 의해 엔돌핀이 만들어지는 것으로 보고하였다. 이러한 연구는 감정의 신체적 표현에 해부학과 생화학적인 연결에 의하여 이루어 진다. Odendaal은 이러한 발견에 더하여 인간과 개의 상호반응이 이루어내는 긍정적 활동 후 약 15분 정도에 옥시토신, 도파민, 프로락틴, 페닐틸라민, 베타엔돌핀과 같은 감정에 이로운 신경화학물질의 분비에 변화가 일어난다고 하였다.

여러 연구자가 동물과의 상호반응이 인간의 혈압을 낮추는 효과를 가져온다고 보고하고 있다. 인간이 애완동물을 귀여워하는 행위로 인간과 동물의 유대감이 형성되고 결과적으로 확장기와 수축기 혈압이 낮아지는 것이다. 스트레스를 받는 수학문제를 푸는 상황에서 애완견이 있을 때와 없을 때의 혈압을 비교하였을 때 애완견이 있는 경우가 혈압이 낮아지는 것을 알 수 있었다.

동물매개치료의 효과는 실험을 하는 동안 동물의 도입시기에 영향을 받는다. Friedmann은 실험초기에 개를 도입한 경우가 중간에 도입한 경우보다 동물매개치료의 효과가 좋은 것으로 나타났다고 발표하였다. 이러한 발견으로 스트레스를 받는 실험에서 초기에 개를 도입하는 것이 환자의 반응을 유도하는데 도움을 주었지만, 실험 중간에 동물을 도입한 다른 연구에서는 환자의 혈압과 심박수에 영향을 주지 못했다.

인간과 동물의 만남이 관상동맥 질환 환자들의 혈압과 스트레스를 감소시켜 결과적으로 1년 이상 생존율을 높여준다고 한다. 또 애완동물은 나이든 성인의 신체적인 건강을 향상시키는데 도움을 준다.

Anderson 등은 애완동물을 키우는 것이 확장기 혈압의 저하, 트리글리세라이드 및 콜레스테롤의 감소 효과를 가져온다고 보고하였다. Lago 등은 애완견 소유가 의욕(morale)을 높이고 결과적으로 건강을 향상시킨다고 보고하였다. 애완동물을 키우는 것이 인간과 동물의 유대감에 의한 정신적 이로움뿐만 아니라 신체적 운동의 증가로 인간의 건강 향상에 큰 도움을 주며, 소규모의 제한된 임상 환경인 동물매개치료 또는 방문 활동에서도 이러한 이로운 결과를 얻어낼 수 있다고 한다.

예를 들면 물고기가 수영하는 비데오테이프를 보도록 한 참여자보다 수족관을 설치하여 수영하는 실제 물고기를 보게 한 참여자가 더 큰 이완반응을 받는 것으로 보고되고 있다. 또한 치료견 방문 프로그램에 참여한 그룹이 그렇지 않은 그룹보다 확장기와 수축기 혈압이 감소되었다.

나. 인간과 동물의 유대에 의한 정신과학적인 반응

사회적 스트레스 인자는 인간과 동물에서 면역 저하와 같은 신체에 해로운 결과를 유발한다. 예를 들면 squirrel monkey를 가지고 한 실험의 결과 엄마와 새끼를 정상보다 일찍 떨어뜨리면 면역기능이 떨어지는 것으로 보고되고 있다. 유사하게 실험동물에 스트레스를 가하면 암, 전염병 및 다른 질병에 대하여 체액성 및 세포성 면역력이 모두 저하되어 감수성이 증가한다고 보고되고 있다.

다양한 연령 그룹에서 애완동물은 스트레스 경감, 위안, 정신적 지지(support)를 제공한다고 한다. Trienenbacher은 5학년 미만의 초등학생을 대상으로 조사한 결과 대다수가 방과 후 집에 돌아갈 때 애완동물을 보고 기뻐하며 애완동물이 자신의 말을 알아듣고 사랑을 주는 것으로 생각한다고 보고하였다.

젊은 여성은 가족과 함께 생활하는 경우보다 혼자 사는 경우에 애완동물을 가족의 일부로서 느끼는 경향이 강하다. 복지시설에 거주하는 노인의 경우에 애완동물은 즐거움과 의지와 이완효과를 준다. 그들은 자녀가 있거나 없는 것에 상관없이 애완동물을 자식처럼 생각하는 것으로 보고되었다.

요양원에서 방문치료를 한 결과도 애완동물의 방문이 자기의식의 향상, 사회경쟁력, 흥미,

정신사회적 기능, 삶의 만족, 개인적 청결도, 정신적 기능을 개선하고 우울감을 감소시킨다고 보고되었다. 다른 연구에서도 요양소의 노인들과 치매 (dementia) 환자는 개와 반응을 통하여 사회적 상호반응이 증가된 것으로 나타났다.

(2) 임상적 적용으로서 인간과 동물의 상호반응

동물이 인간과 동물의 유대감을 이용하여 질병을 가진 사람의 임상적 치료 영역에 하나 또는 두 가지 방식으로 활용될 수 있다.

방문치료는 가장 흔한 형태의 동물매개치료 방법은 치료동물을 데리고 병원이나 요양소와 같은 환자가 있는 곳을 방문하는 방문치료방법 (visiting program)이다. 다른 하나는 치료동물이 있는 기관에 거주하는 거주프로그램 (residential program)으로 동물매개치료가 이루어지는 것이다.

동물매개치료의 효과에 대한 연구가 가장 많이 이루어지는 기관은 장기요양시설이다. 일부 보고에 의하면 거주프로그램 보다 방문프로그램이 더 효과적이라고 한다. 그러나 알츠하이머 병동의 노인 환자를 대상으로 한 다른 연구에 의하면 방문프로그램과 거주프로그램 모두 환자의 사회 행동의 개선을 가져왔고 그 효과 정도에서 두 방법간에 차이는 보이지 않았다고 한다.

거주프로그램에 의한 동물매개치료는 참여한 노인과 스텝 직원들에게 긍정적인 결과를 얻는 것으로 보고되고 있다. Winkler 등(1989)은 간호스텝직원들과 노인 환자간에 치료동물의 존재로 보다 사회적 상호반응이 증가하였다고 한다. 유사한 보고가 Brickel에 의하여 이루어졌는데 두 마리의 치료고양이와 노인 환자의 만남이 환자의 활동성을 증가하고 보다 편안한 마음을 가지게 한 것으로 보고하고 있다.

방문프로그램 또한 장기요양시설과 같은 시설과 병원의 환자에게 적용되어 건강의 향상을 가져온다. 가장 많은 보고는 장기요양시설의 노인 환자 방문프로그램이 사회적 상호반응을 증가시킨다는 것이다. 이러한 결과는 매우 가치가 있는 것이다. 요양시설의 가장 큰 문제점이 고립감과 사회 상호반응의 감소인데, 방문프로그램에 의한 동물매개치료는 이러한 문제점을 해결함으로서 환자의 건강 회복을 가져올 수 있다

동물매개치료를 위한 치료동물의 종류는 다양한데 가장 흔히 사용되는 동물이 개이고, 이외에 고양이, 수족관 물고기 등이 있는데 연구의 예수가 적고 통계적 유의성에 대한 검증 또한 필요하다.

다른 문제로 다양한 집단의 환자군에서 동물매개치료에 대한 효과에 대한 연구가 많이 수행되어야 한다. 암 환자, AIDS 환자, 어린이 환자 등에 대한 연구가 적은 편이고 향후 다양한 집단의 특성에 맞는 다양한 프로그램의 개발과 전염 관리 방법 등의 지침서 개발도 필요하다.

가. 신체적 이점(Physiologic benefits)

AAT의 신체적 이점을 뒷받침하는 대부분의 연구는 AAT가 환자에게 혈압과 심박수 감소 및 이완반응 (relaxation)을 증가시키는 것으로 보고하고 있다. 1992년에 호주의 멜버른에 있는 무료진료소에서 심혈관질환 검사 프로그램에 참여한 5,741명의 환자를 대상으로 애완동물의 사육 여부를 조사한 결과 애완동물을 키우는 사람이 키우지 않는 사람보다 트리글리세라이드 수준과 혈압이 유의하게 낮았다.

2001년 30명의 남자와 30명의 여자를 대상으로 애완견 소유와 고혈압의 상관관계에 대한 연구가 수행되었다. 참여 대상자의 평균 혈압은 145/92mmHg이었다. 연구를 위한 대상자를 두 그룹으로 나누었다. 한 그룹은 유기견 보호소로부터 개를 분양 받아 키우도록 하였고 다른 그룹은 고혈압에 대한 약물 처방을 받도록 하였다. 정신적인 스트레스 테스트가 가해진 후 대상자의 혈압, 심박수를 연구를 시작하는 날과 3개월 후에 각각 검사하였다. 연구를 시작하는 시점에서 스트레스 테스트를 가한 후 혈압 수준이 두 그룹 모두에서 유의하게 상승하였다. 3개월 후 두 그룹간에 놀라운 차이가 나타났다. 약물처방을 받는 그룹의 대상자는 활동 기간에 혈압에서 유의한 변화가 없었으나 개를 키우는 그룹은 일상 혈압의 유의한 감소가 나타났다.

AAT를 위한 과학적 기초를 확립하기 위한 시도로 1999년 18명의 사람과 18두의 개를 이용한 연구에서 동맥압과 신경화학물질을 참여한 사람과 동물에서 측정하였다. 이 연구에서 사람과 개의 상호반응은 스트레스를 감소하는 활성을 가지고 있음이 증명되었다. 이 연구는 옥시토신, 프로락틴 및 엔돌핀 수준을 측정하여 스트레스 감소 효과를 직접적으로 증명하였다. 그러나 이 연구는 표본 수가 적다는 제한점을 가지고 있다.

동물을 이용한 재활프로그램의 사례 보고는 AAT의 다른 이점을 보여주고 있다. 예를 들어 뇌졸증을 가진 환자가 개를 키우면서 개에 브러쉬 질을 하므로서 팔목의 힘과 근력이 증가되었다.

나. 감정적 이점(Emotional benefits)

대부분의 사람은 동물과 상호반응하면서 즐거움을 받는다. 일부 연구 보고에 의하면 이러한 동물과의 상호반응이 정신병치료에 이점을 가지고 있다고 한다. Barak 등은 정신분열증(schizophrenia)을 가진 노인과 환자를 대상으로 1년간의 AAT 연구를 수행하였다. 참여자는 12개월 동안 1주일에 4시간을 개와 고양이와 만남을 가졌다. 다른 그룹은 최근 뉴스를 읽거나 토론하는 10명으로 구성되었다. 결과적으로 AAT 그룹의 참여자는 사회 활동의 증가, 1일 활동의 증가 및 충동 억제력 증가 등을 뉴스 그룹의 참여자 보다 유의하게 보였다.

Conner와 Miller는AAT의 여러 정신과적인 이점에 대하여 보고된 문헌을 검토하는 연구를 수행하였다. 그 결과 AAT는 스트레스 수준의 감소, 자기 가치에 대한 감정의 증가, 신체의 변화에 대한 적응력 증가를 가져온다고 한다. Barker와 Dawson은 치료 레크리에이션 활동을 받은 그룹에 비교하여 AAT를 받은 그룹의 참여자는 근심(anxiety) 척도가 2배로 감소되었다.

교도소에서 죄수의 행동 변화 프로그램으로서 또한 모범 행동에 대한 보상으로서 동물 상호반응을 이용하였다. 죄수가 동물을 훈련하는 프로그램을 만들었고 이 프로그램에 참여한 죄수가 자기를 존중하는 마음을 증진시켰다고 한다.

다. 접촉의 이점(Benefits of touch)

AAT의 접촉에 의한 이점에 대한 연구보고는 매우 적은 편이다. Stanley는 텍사스에 있는 Trinity Mother Frances Health System에서 이와 관련된 연구를 수행하였다. 10명의 환자에서 AAT를 수행하기 전과 수행한 후의 환자의 감정을 평가하였다. 환자는 매일 5분 정도를 개를 쓰다듬고 안아주는 것에 의해 개와 상호반응을 하였다. 결과적으로 참여한 환자는 분노, 적대감, 긴장, 근심의 감소를 가져왔다.

3) 치료와 방문(Therapy Vs. visitation)

동물매개활동(animal-associated activity, AAA) 또는 동물매개방문활동 (animal-assisted visitation)과 동물매개치료(animal-assisted therapy, AAT)에는 차이점이 있다.

(1) 동물매개활동(animal-assisted activity, AAA)

동물매개활동 또는 동물매개방문활동은 자격을 갖춘 활동동물을 데리고 환자와 가족을 방문하여 만나는 것이다. 동물매개활동의 목적은 근심의 감소(reducing anxiety), 접촉에 의한 자극의 증가(increasing tactile contact), 자기 존중감의 개선(improving self-esteem)이다. 근심의 감소는 설문지 평가 이 외에도 심박수와 혈압의 감소로 평가될 수 있다.

동물매개방문활동은 환자의 활동성을 증가시키고 병원 치료 과정에 관하여 낙관적인 태도를 갖게 한다.

(2) 동물매개치료(animal-assisted therapy, AAT)

AAT는 1대 1로 수행되며 훈련된 전문가에 의해 수행된다. AAT의 목적은 활동성, 기억력, 평형감, 근력, 언어구사력의 증가 등이다. 이러한 목적이 치료동물의 매개로 환자의 운동성 증가에 초점이 맞춰져 있다. 예를 들면 거동이 불편한 부분 마비 환자가 치료견을 빗질하고 공을 던져 함께 노는 등의 활동을 통하여 근력과 평형감, 운동성을 개선할 수 있다. 실어증 (aphasia) 환자의 경우 치료견의 신체 부위 이름을 부르거나 치료견의 털을 부는 등의 행동을 함으로써 안면근육의 운동이 증가되고 언어구사력이 향상될 수 있다.

4) 의료적 이점

최근의 연구 보고에 의하면 애완동물을 소유하는 것에 의해 또는 동물과의 만남을 가질 수 있는 것에 의해 환자는 아래와 같은 건강상의 여러 이점을 받을 수 있다.

① 혈압감소
② 콜레스테롤 수치 감소
③ 생존율 향상
④ 고독감의 개선
⑤ 의사소통의 향상
⑥ 신뢰의 증진
⑦ 주의력 분산으로 통증에 대한 약물처방의 필요성 감소
⑧ 인지기능의 향상
⑨ 신체적 상태의 향상
⑩ 환자와 가족에게 스트레스와 근심 감소
⑪ 조건 없는 사랑을 치료동물이 보여줌으로써 화상과 같은 신체 변화 환자에게 사회성 향상
⑫ 환자에게 빠른 회복에 대한 동기 부여
⑬ 수술 등에 대한 두려움 극복
⑭ 간질 환자의 임박한 발작에 대한 경보를 제공

의학적 연구보고에 의하면 동물을 예뻐하는 행위가 혈압을 낮추고 심박수를 낮추며, 체온을 낮출 수 있다고 한다. 또한 애완동물을 키우는 사람이 더 오래 생존한다고 하고 심장질환에 대한 위험이 낮아지고 에너지와 정신적 건강이 증진된다. 치료동물의 활동은 우울증이 개선되고 근심이 덜어지며 통증 환자의 예와 같이 주의를 분산시킴으로써 약물처방을 줄여줄 수 있다.

동물은 환자에게 혈압을 감소하고, 콜레스테롤 감소, 스트레스 수준 감소, 정신건강 개선과 일에 대한 집중력 증가를 도울 수 있다. 많은 사람, 특히 어린이는 부드럽고 안락한 물체를 좋아한다. 많은 어린이는 좋아하는 부드러운 이불과 봉제 동물 인형을 가지고 있다. 이런 부드러운 물체에서 느끼는 감정은 동물을 귀여워하면서 쓰다듬고 만질 때 느낌과 유사하다.

동물을 쓰다듬으면서 사람은 차분해지고 정신적으로 안정감을 얻을 수 있다. 이러한 차분한 안정감은 근육 이완반응을 나타나게 한다. 근육이완은 혈관을 이완하게 되고 이완된 혈관은 혈액이 보다 잘 흘러갈 수 있도록 한다. 혈액 흐름의 저항이 줄어듦으로써 심장의 부담이 줄어들고 결과적으로 혈압이 낮아지게 된다. 사람이 이완되었을 때, 주변 환경에 대한 스트레스를 덜 받게 되고 이러한 현상은 다른 불필요한 일에 신경쓰는 것을 줄여주고 일에 대한 집중력을 향상시키는 효과를 불러일으킨다.

5) 사람과 동물의 상호반응

인간과 동물의 유대감과 관계에 대한 많은 연구와 애완동물이 인간에게 주는 이점에 대한 많은 연구가 있다. 뉴욕 버팔로에 있는 뉴욕 주립대학에서 애완동물이 인간에게 주는 이점에 대한 연구를 수행하였다. 이 연구를 위하여 스트레스를 많이 받는 직업인 주식중개인 중에 혈압이 높은 48명의 결혼하지 않은 남녀를 대상으로 무작위로 선정하여 절반에게는 애완동물을 키우도록 하였고 나머지 절반은 키우지 않도록 하였다. 6개월 후 참여한 대상자를 고도의 스트레스 환경에 두었다. 결과는 애완동물을 키운 대상자의 확장기 평균 혈압은 120에서 126으로 상승하였고 애완동물을 키우지 않은 대상자의 확장기 평균 혈압은 120에서 148로 상승하였다.

많은 수의학 전문가는 동물이 사람의 사회성을 증가시키고 통증을 잊게 해 주기도 한다고 하였다. 많은 연구자가 동물이 인간의 삶의 질을 향상시킨다고 보고하고 있다.

동물매개치료 프로그램을 통하여 환자의 건강을 향상시킨다는 보고도 많이 있다. Modlin은 지난 20년 동안 수행된 동물매개치료에 관련된 많은 연구결과를 조사하고 검토하였다. 많은 연구자가 인간과 동물의 이로운 관계에 대한 연구를 수행하였다. 1989년 수행된 Mader 등에 의한 연구도 긍정적인 결과를 얻었다. 휠체어를 탄 장애를 가진 환자가 동물매개치료에 의하여 스트레스 수준이 감소되었고 사회활동이 증가하고 정신적인 건강이 향상되었다.

1995년에 Lane 등은 치료견과 함께 동물매개치료에 참여하였던 환자의 47%가 건강의 향상을 가져온 것으로 결론지었다. 이러한 결과는 장애를 가진 환자가 어느 측면에서 개선이 된 것으로서 매우 고무적인 결과이다.

동물매개치료는 1988년 National Institute of Health(NIH)에서 Holley Parker(AAT coordinator)가 제안하여 시작되었다. 최근에는 AAT 적용기관들은 수의사를 고용하고 치료동물의 건강상태, 치아관리, 피부건강, 목욕의 적합성 여부, 기생충이나 전염병의 여부를 정기적으로 검사한다. 치료동물은 이러한 검증 절차를 거쳐 병원을 방문하게 된다. 미국의 많은 병원들이 AAT를 적용하고 있다.

6) 재활승마치료(Hippo therapy, Equine therapy)

옛날에는 말은 초자연적인 세계와 교통하는 신성한 동물로 여겨왔으며, 인간에게 많은 도움을 준 동물로 전쟁에서는 기마병과 함께 적진을 누비고 다니는 전투력의 상징이고, 일상에서는 사역동물로 및 마력이라는 힘의 단위로 쓰일 정도로 그 역할이 컸었다. 그러나 말은 자동차가 보편화되면서 역사의 뒤편으로 밀려나 경마장에서나 볼 수 있는 동물로 인식되게 되었으나, 최근에는 다시 재활승마치료로 인간과 함께 호흡하며 인간이 넘기 힘든 정신적, 육체적 장애를 말과 함께 극복하며 새로운 삶을 시작하도록 도와주고 있다.

재활승마란 장애인이 승마를 통하여 심신을 회복하고 건강한 사회구성원으로서 생활할 수 있게 하는 치료방법이며 신체의 운동감각과 균형감각 향상에 도움을 주는 전신운동이고, 말과의 교감을 통한 사회적응 활동이라고 할 수 있다. 걸음걸이가 인간과 동일한 말과 함께 운동하면 척추가 움직이며 균형감각, 즉 "보상적 균형관계"를 통한 뇌파의 파형이 변하여 지속적인 자극으로 치료 효과가 뛰어나다고 하며 이러한 효과를 이용한 치료법이 재활승마치료이다.

재활승마치료는 제1차세계대전 중 영국에서 전쟁부상자를 대상으로 진행되었으며, 노르웨이에서는 소아마비환자를 말에 태우고 치료하다가 1953년 '포니마장'이라는 재활치료승마장을 만든 것이 시초라고 알려지고 있다. 이후 재활승마치료는 1960년을 기점으로 전 세계로 확산되어 30여개국 15만여명의 장애인들이 말과 함께 장애를 극복하고 있으며, 장애인의 사회복지를 위한 심리, 정서, 사회적 훈련(rehabilitation)의 개념으로 정착하였고, 세계승마치료학회가 만들어져 학술적 연구를 바탕으로 장애극복에 앞장서고 있다.

한국에서도 최근에 많은 재활승마치료 단체가 발족하고 있다. 특히 2005년 한국재활승마협회(회장 김갑수)가 장애인에게 말과 함께 호흡하며 정신적, 육체적으로 힘든 부분에 실질적인 도움을 주는 운동으로, 신체장애는 물론 발육장애, 정신장애, 학습장애의 치료에 까지 도움을 주고 있으며, 장애인의 평생스포츠로써 장애인 승마를 보급, 발전시키고, 우수선수 발굴을 통한 국내, 국제대회에 참여하여 장애인의 위상과 대한민국의 국제적 지위를 높이고자 노력하고 있다.

7) 기　타

기타 인간과 동물의 유대관계는 여러 가지 분야에서 이루어지고 있다. 수족관을 이용한 동물매개치료가 좋은 예라 할 수 있다. 병원에 장기 입원한 환자의 입원실에 살아 있는 물고기가 놀고 있는 수족관을 설치하여 주는 것만으로도 환자에게 심리적 안정감과 생명에 대한 애착을 갖게 하여 치료에 큰 도움을 주는 것이 알려져 있다.

또한 요양시설에서 토끼와 같은 동물을 사육하고 돌보게 함으로서 요양 노인이 삶의 애착을 가지므로서 보다 좋은 요양 효과를 보인다는 사실도 보고되고 있다.

최근에는 곤충의 사육이 심리적 안정을 준다는 보고도 있으며 시멘트로 지어진 현대 주거 환경에서 생명을 가진 동물과의 만남은 조금이나마 현대 사회를 사는 사람의 마음을 자연으로 연결해주고 심리적 안정을 줄 수 있는 연결통로가 아닐까 생각이 든다.

4. 생명산업과 동물

현대 과학문명의 발달로 생명공학 및 생명의학 분야의 고도 성장이 이루어지고 있다. 생명산업 분야의 발달은 동물산업에서도 큰 변화를 불러일으키고 있다.

산업동물 분야에서는 유전공학을 이용한 품종의 개량, 수정란이식 및 우수 형질을 가진 개체의 복제 등이 실제로 이루어지고 있다.

반려동물 분야에서도 수명이 다하거나 불의의 사고를 당한 자신의 애완동물을 복제를 통하여 꼭 닮은 개체를 얻고자 하는 희망이 실현되고 있으며, 실험동물 분야에서는 특정유전자의 기능을 알아볼 수 있는 형질전환동물이 제작되고 있다.

또한 동물장기를 이용한 장기이식 방법인 이종장기이식(xenotransplantion)에 대한 연구가 수행되고 있으므로 인류가 손쉽게 대체 장기를 제공 받을 수 있을 것이라는 희망을 심어주고 있다. 현재 실용화되고 있는 단계는 돼지의 췌장세포를 당뇨병을 가지고 있는 환자에게 이식하는 방법으로 인슐린을 당뇨병환자가 체내에서 생성하여 정상적인 생활이 가능하도록 하는 일 등 성공적으로 수행되고 있다.

또한, 사람과의 조직적합거부반응을 보이지 않는 형질전환 무균돼지를 생산하여 사람의 장기로 사용하기 위한 대체장기 제공원으로 이들 무균돼지를 이용하려는 연구도 이어지고 있다.

최근 최대의 관심사로 떠오르고 있는 줄기세포(stem cell)에 대한 기초자료 및 적용에 대한 지식은 동물을 이용한 다양한 실험들을 통하여 획득되어지고 있으며, 향후 보다 진보된 생명의학 발달을 위해서는 동물을 이용한 실험으로부터 얻어내는 귀중한 자료들이 그 밑거름이 될 것이다. 이러한 동물을 이용한 생명산업의 발달은 궁극적으로 인류의 난치병을 치료할 수 있는 해결책을 제공할 수 있을 것으로 기대되고 있다.

제 5 장 인구증가와 식량자원

1. 인구증가율

멜더스(1788)는 인구론에서 "인구는 제한하지 않으면 기하급수적으로 증가하고 식량은 산술급수적으로 증가한다"는 자연적인 인구법칙에 따라 필연적으로 과잉인구가 나타나며, 이것이 바로 사회악의 원인이라고 주장하였다.

지구가 수용할 수 있는 사람 즉, 지구의 인구부양능력은 얼마나 될까? 이에 대한 답은 학자에 따라 차이가 많은데, 이러한 부양인구 추정에서 차이가 나는 것은 두가지 요인에 기인한다. 첫째는 지구의 경작면적과 식량생산의 추정치가 불확실하고, 둘째는 식생활의 수준에 따라 부양능력에 차이가 있기 때문이다. 세계의 개발가능한 경작면적에 곡물만을 경작한다면 400억명까지 부양할 수 있지만, 세계의 모든 사람이 선진국 수준의 식생활을 한다면, 지구는 이미 부양능력을 초과하였다고 볼 수 있다.

1) 과거 10,000년 간의 인구증가

과거에는 인구가 매우 느리게 증가하였다. 약 10,000년 전인 기원전 8,000년 경의 세계인구는 약 500만명으로 추정되고, 약 2,000년 전인 예수의 탄생 당시의 세계인구는 약 2억5천만명 정도로 추정된다. 이 때부터 18세기 산업혁명이 일어나기까지는 연간 0.04~0.05%의 낮은 비율로 인구가 꾸준히 증가하였다. 이 때에 인구증가율이 낮은 것은 전염병, 기근, 전쟁 등이 많이 발생하여 사망률이 매우 높았기 때문이다.

그림 5-1에서 보는 바와 같이 1800년 경까지는 인구가 산술적으로 서서히 증가하다가 산업혁명 이후 농업 기술의 발달로 식량생산이 크게 증가되고, 의학의 발달로 유아 사망률이 감소하고 평균수명이 연장되어 이른바 인구폭발이 시작되었다. A.D. 1년에 2억 5천만명이었던 세계인구가 2배인 5억명(1650년)으로 되는 데 1,600여년이 걸렸고, 다시 2배인 10억명(1850년)으로 되는 데 200년이 걸렸고, 이것이 다시 2배인 20억명(1930년)으로 되는데 80년밖에 걸리지 않았으며, 이것이 다시 2배인 40억명(1960년)으로 되는 데는 30년밖에 걸리지 않았다. 2007년 현재 세계인구는 65억명 이상이 되었다.

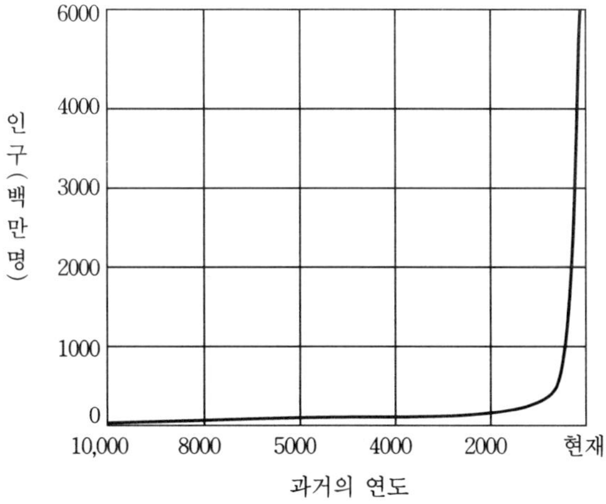

[그림 5-1] 과거 10,000년간 세계의 인구증가율

2) 선진국과 개발도상국의 인구증가

표 5-1에서 보는 바와 같이 개발도상국인 아시아, 아프리카, 남미의 인구는 급격히 증가하고 있고, 선진국인 미국, 유럽, 일본 등의 인구는 서서히 증가하고 있다. 즉 가난한 나라일수록 인구증가율이 높다.

인구가 2배가 되는 데 소요되는 기간이 선진국인 미국 70년, 일본 63년, 영국 140년이고, 후진국인 멕시코 20년, 브라질 22년, 인도 28년이라는 보고도 있다.

[표 5-1] 각국의 인구증가 (단위 : 백만명)

국 가	연 도		
	1950	1990	2030
선 진 국			
미 국	152	250	345
러 시 아	114	148	161
일 본	84	124	123
영 국	50	58	60
독 일	68	80	81
이탈리아	47	58	56
프 랑 스	42	57	67
개발도상국			
필 리 핀	21	64	111
나이지리아	32	87	278
에티오피아	21	51	157

이 란	16	57	183
파키스탄	40	118	260
방글라데시	46	114	243
이 집 트	21	54	111
멕 시 코	28	85	150
터 키	21	57	104
인도네시아	83	189	307
인 도	369	853	1,443
브 라 질	53	153	252
중 국	563	1,134	1,624

3) 인구증가의 원인

인구증가에 영향을 주는 요인은 많지만 기본적인 세계인구 규모는 다만 두 가지 인자인 출생과 사망에 의하여 영향을 받는다. 즉 인구의 변화는 출생한 아기수와 사망자수의 차이이다. 따라서 출생률과 사망률이 같다면 인구의 변화는 없을 것이다. 세계 각 지역의 출생률과 사망률은 표 5-2와 같다.

[표 5-2] 세계의 인구 1,000명당 출생자수와 사망자수 및 인구증가율(1984)

지 역	출생자수(명)	사망자수(명)	인구증가율(%)
세 계	28	11	1.7
고도성장국가	16	9	0.7
개발도상국가	37	13	2.4
북부아프리카	41	12	2.9
서부아프리카	49	18	3.1
동부아프리카	47	17	3.0
중앙아프리카	45	18	2.7
남부아프리카	36	10	2.6
아시아(중국제외)	34	12	2.2
중 국	21	8	1.3
북 아 메 리 카	15	8	0.7
라틴아메리카	31	8	2.3
북 부 유 럽	13	11	0.2
서 부 유 럽	12	11	0.1
동 부 유 럽	16	11	0.5
남 부 유 럽	14	9	0.5

최근의 인구증가는 출생률의 증가보다는 사망률의 감소에 기인한다. 그림 5-2에서 보는 바와 같이 사실 과거 100년 동안 출생률은 줄어들고 있다. 그러나 사망률은 출생률이 감소하는 것보다 훨신 더 감소하였다. 결론적으로 인구의 변화는 일반적으로 출생률이 아니라 사망률의 결과이다. 또 인구성장률이 증가하는 이유는 비공업화 국가의 출생률과 사망률 사이에 차이가 커지기 때문이다.

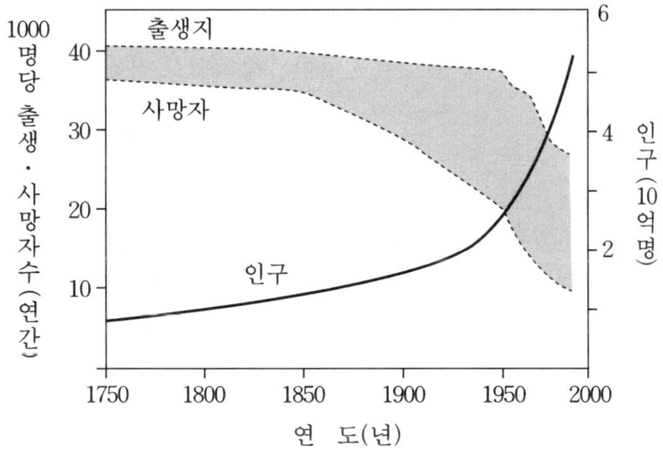

[그림 5-2] 세계인구의 추이

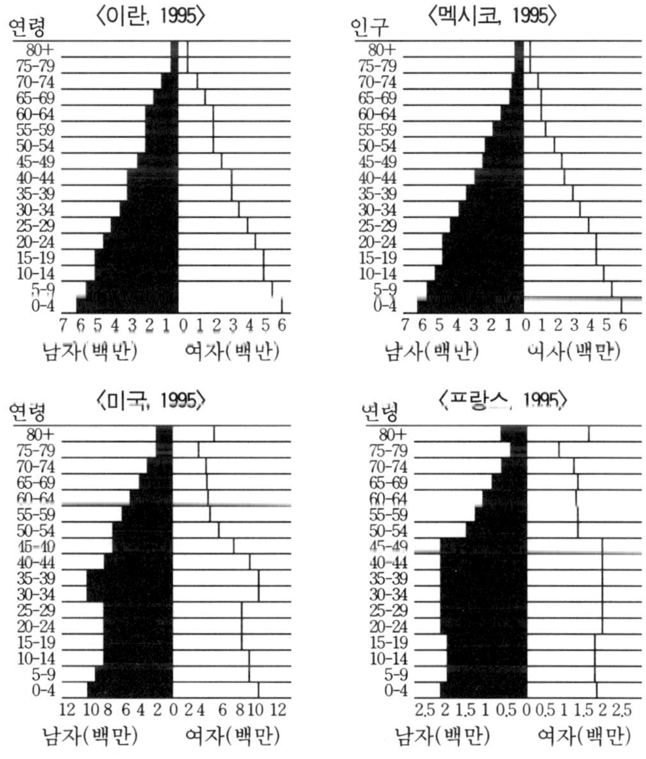

[그림 5-3] 인구 피라미드

4) 인구구조

인구구조란 각 연령층의 인구수를 말한다. 인구구조는 일반적으로 막대그림표로 작성되어 각 연령층별 남녀의 인구수가 막대크기로 비교된다. 이러한 그림표를 인구형이라 부른다. 개발도상국인 이란과 멕시코, 선진국인 미국과 프랑스의 인구형이 그림 5-3이다.

개발도상국은 인구의 자연증가율이 높아 인구형이 연령이 낮을수록 인구가 많은 피라미드 구조가 되고, 선진국은 인구증가가 정체내지 감소되어 피라미드 구조가 항아리형으로 된다. 그리고, 시간이 흐름에 따라 이들은 그림의 위로 올라가게 되므로 장래의 인구를 추정할 수 있다.

5) 인구조절 방법

인구가 급증하기 시작한 산업혁명 이전의 인구증가는 높은 사망률에 의해 억제되어 왔다 .그러나 산업혁명 이후에는 식량생산기술의 발달, 무서운 질병들의 예방과 치료방법의 개발 등으로 사망률이 급격히 떨어졌고, 전쟁, 기근, 전염병으로 인한 인구증가 억제작용이 큰 힘을 발휘하지 못하였다. 따라서 인구의 증가를 효율적으로 억제하여 인구의 안정화를 꾀하려면 가족계획 사업을 효과적으로 추진해야 한다. 가족계획 사업을 추진했을 때와 추진하지 않았을 때의 인구증가가 어떤 결과를 나타내는가를 그림 5-4에서 보여주고 있다.

가족계획에는 자발적인 가족계획과 강제적인 가족계획이 있다.

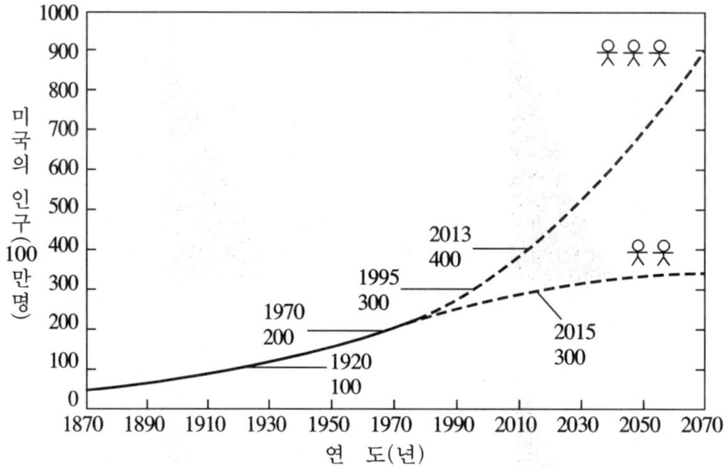

[그림 5-4] 2 또는 3 자녀를 낳을 때 미국의 예상 인구

(1) 자발적인 가족계획

자발적인 가족계획은 가임 부부가 피임제와 콘돔의 사용, 금욕, 질 외 사정 등의 자발적 조치를 통하여 가족계획을 실현하는 것이다. 1950년대 이후 가임여성의 1/3 이상이 피임제를 사

용하고 있으며, 개발도상국가에서는 이를 위해 매년 상당한 경비를 쓰고 있지만 자발적인 가족계획은 아기를 갖는 시기를 조절해 줄뿐이므로 큰 효과가 없었다는 평가이다.

(2) 강제적인 가족계획

강제적인 가족계획은 강력한 정부의 힘으로 대대적인 가족계획 정책을 추진하여 인구억제정책을 펴는 것으로 국가에 따라 차이는 있지만 대체로 다음과 같은 방법으로 추진한다.

① **유산의 합법화** : 유산의 합법화는 낙태수술의 경비, 유아 살해에 대한 윤리적인 문제가 따르지만 세계적인 추세이고, 출생률을 크게 낮추므로 가장 효과적인 인구억제정책이다.

② **여성의 교육 및 고용기회의 증대** : 여성의 사회적 지위가 향상되면 결혼연령이 높아지고 독신율도 많아지기 때문에 인구증가율이 낮아진다.

③ **경제적 수단에 의한 억제책** : 세금의 감면, 취업의 제한, 교육비의 감면 등 경제적 차원을 고려하거나 또는 경제적 혜택을 박탈함으로써 인구를 억제하는 방법이다.

특히 중국은 강제적인 가족계획에 가장 성공한 나라인데, 이 외에도 결혼시 1가족 1자녀의 가족계획선서를 하게 하고 위반했을 때는 벌금을 부여하고, 각종 수혜조치를 반환하게 한다.

2. 인구증가에 영향을 미치는 요인

앞에서도 설명한 바와 같이 인구증가는 출생률과 사망률에 의해 가장 많은 영향을 받는다. 또한 평균수명의 증가가 영향을 준다. 평균수명에 영향을 미치는 요인을 크게 근본적 요인, 부수적 요인, 장래의 요인으로 나누어 설명한다.

1) 근본적 요인

(1) 전 쟁

유사이래 인류는 많은 전쟁을 하였었는데, 전쟁의 가장 큰 원인은 인구증가에 따라 식량자원, 광물자원 등 자원이 고갈되자 각종 자원을 확보하기 위해 전쟁이란 수단을 동원하게 되었다.

전쟁으로 인해 젊은 군인이 수없이 사망하고, 민간인도 많이 죽게 되었지만 전쟁으로 사망한 인구는 인구의 자연증가율에서 볼 때는 큰 영향을 미치지는 않는다. 예를 들면 월남전쟁 때 45,000명의 미국인이 사망하였지만, 미국은 인구의 자연증가율이 매월 10만명 이상이므로 월남전쟁에서 희생된 인구 숫자는 약 2주일이면 보충된다.

(2) 기 근

식량이 부족하여 먹고 살수 없게 되는 것을 기근(famine)이라 한다. 인도에서는 1770년에 기록된 최악의 기근으로 300만명 이상이 사망하였었고, 아프리카에서는 최근까지도 가뭄과 기근으로 많은 사람이 사망하고 있다.

산업혁명 후 인구가 급증한 유럽에서는 식량부족을 해결하기 위한 수단으로 수없이 많은 사람들이 신대륙으로 진출하였다. 유럽의 인구는 1750년부터 1850년 사이 약 2배가 증가되었지만 신대륙에서는 거의 5배 가까이 증가되었다.

식량의 공급량이 증가함에 따라 인간의 사망률, 특히 유아기의 사망률이 낮아지게 되고, 영양상태가 좋아졌기 때문에 출생률도 훨씬 증가하게 되었다.

(3) 질 병

질병으로 인한 심각한 인구 감소의 예는 19세기에 일어났는데, 유럽 인구의 1/4 이상인 2,500만명이 흑사병으로 죽었다. 독감, 매독 등의 질병도 중세기의 비위생적이고 밀집된 도시구조 때문에 많은 희생을 가져왔었다.

인간은 천연두, 디프테리아, 콜레라 등 수 많은 전통적인 질병을 백신과 항생제의 개발로 극복하였지만, 최근까지도 암, 에이즈(AIDS), 심장병 및 노인병 등은 증가하고 있다.

2) 부수적 요인

(1) 결혼관습

결혼연령은 인구증가율에 많은 영향을 미친다. 예를 들면 사춘기를 막 지난 여성이 15세 전후에 결혼을 한다면 폐경기가 되는 45세 전후까지 거의 30년간이 가임연령이 되므로 2~3년마다 출산을 하여도 일생동안 10~15명의 자녀를 낳을 수 있다. 그러나 여성이 30세 전후에 결혼을 하여 가족계획을 병행하면 일생동안 2~3명의 자녀를 낳을 것이다. 즉 결혼연령에 따라 일생동안 태어날 아기의 수는 5배 이상 차이가 생길 수 있다.

지금도 개발도상국가의 여성들이 일생동안 5명 이상의 자녀를 출산하는 것이 대부분이다. 그러나 선진국에서는 2~3명의 자녀를 출산하고 있고, 심지어는 1명만을 출산하는 경우도 많다. 따라서 결혼을 몇 살에 하고 몇 명의 자녀를 출산하느냐는 인구증가율에 지대한 영향을 미치게 될 것이다.

결혼연령을 법으로 규제하고 있는 국가도 많이 있지만 대부분의 국가에서는 관례에 따라 결혼을 하고 있으므로 결혼관습은 인구증가에 많은 영향을 미치게 된다.

(2) 영아살해

유아살해를 포함한 영아살해(infanticide)는 인구증가에 큰 영향을 미치게 된다. 어떤 국가 또는 지역에서는 종교적인 이유로 영아살해가 전혀 없는 경우도 있지만, 대부분의 국가에서는 유산을 합법적으로 할 수 있도록 되어 있으므로 자녀의 출산이 제한되고 인구증가율에도 많은 영향을 미치게 된다.

3) 장래의 요인

근래에 생명공학 기술(biotechnology)의 발달은 장래의 인구증가율에 많은 영향을 미치게 될 것이다.

우생학(eugenics)의 발달은 정자은행(sperm bank), 난자은행(ova bank), 인공수정(A.I.), 수정란이식(E.T.), 체외수정(I.V.F.), 복제동물(clone animal), 핵이식(nuclear transplantation) 기술의 개발 등으로 불임을 치료하므로써 출생률이 높아지고 궁극적으로 인구증가율이 높아지게 된다.

우현학(enphonic)의 발달은 신장(kidney), 심장(heart), 간장(liver), 각막(carnea of eye) 등 인공장기를 이식하는 기술의 개발로 수명을 연장하므로써 평균수명이 길어지게 된다.

유전공학(genetic engineering)의 발달은 DNA 배열을 규명하고, 유전자지도의 완성으로 지금까지는 불치병으로만 생각했던 여러 가지 질병의 치료방법이 개발되어 수명을 연장하게 될 것이다.

3. 인구증가와 식량문제

유사 이래 각 부족, 민족, 국가, 이념적인 집단 간에 야기된 전쟁의 동기는 자원의 확보와 식량의 확보를 위한 것이 거의 전부라고 해도 과언이 아닐 것이다. 즉 식량 확보, 노동력 확보, 자원 확보를 위한 전쟁이 거의 전부였다.

아시아, 아프리카, 라틴아메리카의 많은 나라들이 1940년대 이전에는 쌀, 밀, 옥수수 등을 유럽으로 수출하는 곡물수출국이었다. 그러나 인구의 급속한 증가로 1965년 이후에는 곡물의 자급자족능력을 상실하고 곡물수입국으로 전락하고 말았다. 개발도상국가들의 어린이는 만성적인 영양실조로 기아에 허덕이고 있으며, 난백질 공급의 부족으로 신체적, 정신적으로 정상적인 성장을 못하고 있다.

인류에 필요한 대부분의 식량과 원자재의 공급은 지구 표면의 거의 1/3에 해당하는 130억ha의 육지에 서식하는 생물에 의해서 이루어진다. 유엔식량농업기구(FAO)의 2000년도 통계에 의하면 육지면적 130억ha 중에서 곡물생산에 이용되는 면적은 11%에 해당되는 14.3억ha에 불과하다. 곡물재배지는 인류가 농경을 시작한 이래 계속 늘어났으나, 1980년대 이후 새로 개척되는 농경지보다 기존에 곡물을 재배하던 농경지의 황폐화, 주택이나 공장용지 등으로의 전환이 더 많아지게 되어 곡물재배지는 계속 줄어들고 있다.

따라서 식량증산은 급증하는 인구증가를 감당하기에는 한계가 있었으므로 산업혁명 이후 선진국들은 자기들이 필요로 하는 각종 자원을 손쉽게 획득하기 위해 식량자원, 광물자원, 노동력을 가장 빨리 적은 비용으로 확보할 수 있는 식민지 쟁탈을 위한 전쟁을 수없이 반복하기에 이르렀다.

1) 식량증산의 유한성

산업혁명 이후 인구가 기하급수적으로 급증하면서 식량증산을 위한 많은 노력을 기울인 결과 지금까지는 식량생산능력의 증가가 일부 부분적인 또는 특정한 연도를 제외하고는 급증하는 인구를 먹여 살리는데 부족함이 없었지만 앞으로는 상당히 많은 문제가 대두될 것으로 예상된다.

(1) 세계 경작지의 현황

세계인구가 30억명 이하였던 1960년대까지는 1인당 경작면적은 0.23ha 정도였지만 세계인구가 60억명 이상으로 증가한 2000년대에는 1인당 경작면적은 0.12ha 전후로 감소하였고, 세계인구가 80억명 이상될 것으로 예상되는 2030년에는 1인당 경작면적이 0.08ha 밖에 안될 것으로 예상된다(그림 5-5).

곡물생산에 이용되는 경작지는 현재 14.3억ha에 불과하고 2030년대에는 13억ha 미만이 될 것으로 추산된다. 토지면적도 육류 생산을 위한 과도한 목축으로 점차 사막화되면서 1970년대 이후 계속 감소하고 있다. 현재 세계의 토지면적은 32.5억ha 이지만 지금과 같은 추세로 감소된다면 2030년대에는 30억ha 이하가 될 것으로 추산된다.

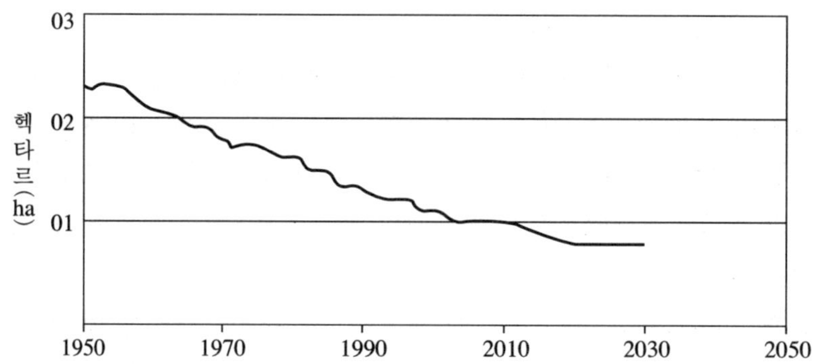

[그림 5-5] 1인당 세계 경작면적

(2) 토지의 생산성

식량생산의 증가는 멜더스가 예측한 것과 같이 비관적인 것만은 아니었다. 그 동안 농업기술의 발달과 경작지의 증가로 식량의 생산량은 꾸준히 증가해 왔다. 화학비료와 농약의 투입, 영농의 기계화와 종자개량 등으로 1985년의 곡물생산은 1950년에 비해 2.6배나 증가하였다. 그러나 1985년 이후 세계의 곡물생산증가율은 인구증가율보다 낮아지고 있다. 1989년 세계의 총 곡물생산량은 16억7천만톤으로서 1984년에 비해 겨우 1% 증가하였지만, 인구증가율을 고려하면 1인당 곡물생산량은 7%나 감소된 것을 의미한다. 그림 5-5에서 1인당 경작지 면적도 계속 줄어들고 있으므로 인구증가율 만큼 곡물생산을 늘리는 일이 앞으로 점점 더 어려울 것이다.

또한 최근에는 초지의 생산력이 대기오염과 산성비로 인해 크게 줄고 있다. 특히 아프리카 전역에 걸쳐 초지의 생산력 감소가 나타나는 것은 가축의 수가 빠르게 증가하고 있기 때문이다. 1999년 현재 가뜩이나 식량이 부족한 아프리카에서 5억4천만두의 소, 면양 및 염소가 거의 대부분 방목되고 있다. 초원이 과도한 방목으로 인해 황폐화됨에 따라 토양유실은 가속화되고 토양의 가축 부양능력은 더욱 떨어지고 있다.

농경지에서는 과도한 화학비료와 농약의 사용 등으로 토양이 산성화되고 지구의 온난화(그림 5-6)로 질병이 만연되고, 물질의 순환이 이루어지지 않아 지력이 날로 저하되어 토지의 생산성(그림 5-7)이 점점 낮아지고 있다.

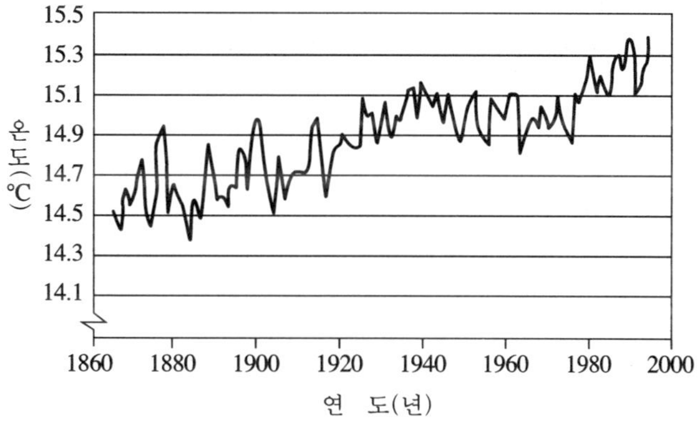

[그림 5-6] 지구의 평균 기온

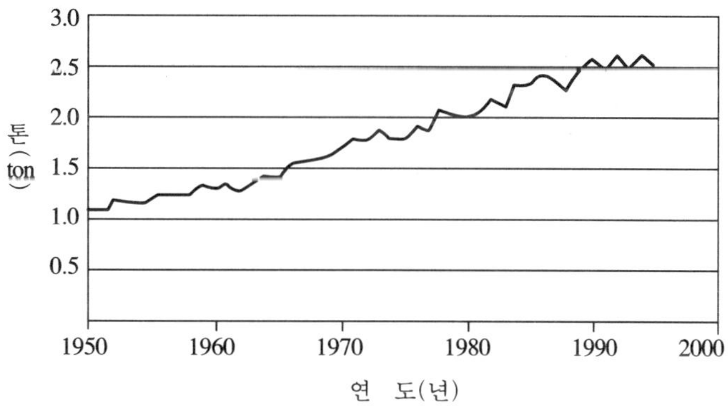

[그림 5-7] 토지의 생산성

선진국인 미국의 토지생산성과 개발도상국인 중국의 토지생산성의 변화(표 5-3~4)를 비교해 보면 재미있는 현상을 발견할 수 있다. 미국은 1950년대부터 1970년대까지는 1ha당 곡물 수확량이 연간 3.6~3.8%나 증가하였지만 1980년대 이후에는 1.0~1.9%가 증가하였을 뿐이다. 중국은 1950년부터 1977년까지는 연간 2.7%만 증가하였지만, 1977년부터 1984년까지는 화학비료와 농약의 사용, 과학적인 영농기술의 개발로 연간 7.1%나 증가하였다.

[표 5-3] 미국의 헥타르당 곡물수확량 변화(1950~1990)

연 도	헥타르당 연간수확량(톤)	10년 동안 증가율(%)	10년 동안 연간증가율(%)
1950	1.65	—	—
1960	2.40	+45	+3.8
1970	3.43	+43	+3.6
1980	4.13	+20	+1.9
1990	4.56	+10	+1.0

[표 5-4] 중국의 헥타르당 곡물수확량(1950~1994)

연 도	헥타르당 연간수확량(톤)	기간별 증가율(%)	기간별 연간증가율(%)
1950	1.04	—	—
1977	2.11	+103	+2.7
1984	3.41	+ 62	+7.1
1995	4.06	+ 19	+1.6

그러나 영농기술의 개발이 어느 정도 완료된 1984년부터 1995년 사이에는 연간 1.6%의 증가에 불과하다. 이와 같은 현상은 토지의 생산성 향상은 어느 단계까지는 지속적인 증가가 가능하지만 어느 시점부터는 그 이상의 증가가 매우 어렵다는 것을 시사한다.

또한 1950년대 이후 곡물수확면적과 비료사용량을 비교하면 그림 5-8에서 보는 바와 같이 1인당 세계 곡물수확면적은 1950년 0.23ha이었던 것이 계속 감소하여 2000년 0.12ha에 불과하지만, 1인당 세계 비료사용량은 1950년 6kg이었던 것이 1990년 27kg까지 계속 증가하다가 1990년 이후 조금씩 감소하여 2000년에는 20kg이 소비되었다.

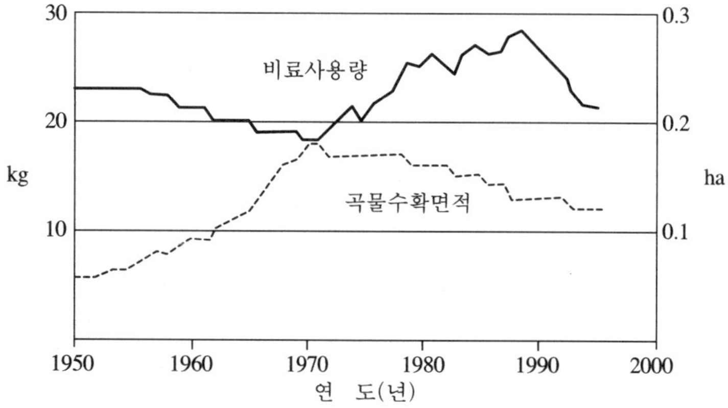

[그림 5-8] 1 인당 세계 곡물수확면적과 비료사용량(1950~1995)

2) 우리나라의 식량사정

(1) 농업인구의 감소

우리나라 전체 인구에 대한 농업인구의 비율은 표 5-5에서 보는 바와 같이 2004년 현재 약 6.8%로서 326만명이 농업에 종사하고 있다. 1965년에는 농업인구가 55.1%로 1,580만명이였는데, 40여년 동안에 48.3% 포인트가 감소한 것이다. 농업인구는 지금도 매년 0.5~1.0%씩 감소하고 있으므로 멀지않아 5% 수준 이하로 감소할 것이다.

특히 젊은 층의 인구가 농촌을 계속 빠져나가서 농촌인구의 노령화, 여성화가 문제되고 있다. 산간오지의 어떤 면에서는, 출생신고가 1년에 10건도 없는 곳이 있을 정도로 젊은 층의 이농현상은 심각한 사회문제가 되고 있다.

[표 5-5] 농가인구의 감소 (단위 : 천명)

연 도	총 인 구	농가인구	구성비(%)
1965	28,705	15,812	55.1
1970	32,241	14,422	44.7
1980	38,123	10,817	28.4
1990	42,869	6,661	15.6
1995	45,093	4,581	10.8
2000	46,500	4,100	8.7
2005	47,041	3,434	7.3

(2) 경지면적의 감소

우리나라의 총 경지면적은 표 5-6에서 보는 바와 같이 1970년에는 230만ha로 국토면적의

23.3%로서 이 중의 56%인 127만ha가 논이고, 44%인 103만ha가 밭이었으나, 2005년 현재 경지면적은 180만ha로 국토면적의 약 18.1%이고, 이 중의 61%인 111만ha가 논이고, 39%인 72만ha가 밭이다.

[표 5-6] 우리나라의 경지면적 (단위 : 1,000ha)

연 도	경지면적					가구당 경지면적 (a)
		논		밭		
			구성비(%)		구성비(%)	
1960	2,025	1,206	59.6	819	40.4	86.2
1970	2,298	1,273	55.4	1,025	44.6	92.5
1980	2,196	1,307	59.5	889	40.5	101.9
1990	2,109	1,345	63.8	764	36.2	119.4
2000	1,899	1,153	60.7	746	39.3	137.4
2005	1,824	1,105	60.6	719	39.4	143.3

논과 밭의 상대적 비율은 30여년 동안에 논이 5% 포인트가 늘어나고, 밭이 5% 포인트가 줄어들었지만 절대면적은 논이 15만ha, 밭이 31만ha가 감소하였고, 총 경지면적도 46만ha가 감소하였다. 한편 1가구당 농가의 평균경지면적은 1970년 0.92ha에서 2005년 1.4ha로 약간 증가하였지만 세계에서 가장 영세한 수준이다.

총 경지면적이 30여년 동안 46만ha나 감소한 것은 1960년대 이후 급속한 공업화로 공장과 창고 등을 위한 많은 토지가 필요했고, 농촌인구의 도시 집중으로 주택건설, 고속도로, 일반도로 및 주차장 등을 위한 토지가 필요했기 때문이다. 한편 공업화와 더불어 늘어나는 수자원의 수요를 충족시키기 위한 많은 댐의 건설은 전답과 산림이 수몰되고, 관광지와 위락시설의 개발과 골프장의 건설 등으로 대규모의 자연파괴가 뒤따랐다.

따라서 농촌은 도시의 확산과 공업개발 등으로 경지면적이 감소되고 도시에서 발생되는 각종 폐수와 폐기물이 주변 농촌을 오염시키게 되어 환경오염으로부터 많은 영향을 받고 있다.

(3) 토지의 생산성

우리나라 토지의 생산성은 표 5-7에서 보는 바와 같이 주요 곡물의 10a당 수확량이 매년 증가하였음을 알 수 있다. 거의 대부분의 곡물에서 10a당 수확량이 50년대에 비하여 50년 동안에 3~4배 증수되었음을 알 수 있다. 우리나라는 녹색혁명과 농업기술의 발달로 주요 곡물의 단위면적당 수확량이 세계에서 가장 높은 나라에 속한다. 그러나 토지의 생산성을 높이기 위해 화학비료와 농약을 너무 많이 사용하고 있으므로 장기적으로는 식량생산의 잠재력을 저하시키고 있는 실정이다.

[표 5-7] 주요 곡물의 10a당 수확량 추이 (단위 : kg)

연 도	쌀	보리	밀	옥수수	콩	감자
1940	188	86	58	42	63	137
1950	192	86	78	54	49	156
1960	273	175	209	60	48	178
1970	330	218	226	145	79	226
1980	289	251	330	436	115	239
1990	451	261	303	461	153	351
1995	445	325	444	425	152	475
2000	497	239	255	406	131	479

(4) 식량자급률

우리나라의 식량자급률은 곡류의 자급률이 1970년대에는 80%, 1980년대에는 56%, 1990년대에는 44%로 계속 추락하여 왔다. 1990년대에 들어 와서는 식량자급률의 추락이 더욱 가속화되어 표 5-8에서 보는 바와 같이 곡류뿐만 아니라, 거의 모든 식품의 자급률이 낮아지고 있다.

[표 5-8] 연도별 주요식품의 자급률 추이 (단위 : %)

식 품	1990	1993	1994	1995	1996
곡 류	43.8	34.4	28.3	30.0	27.2
- 쌀	108.3	96.8	87.7	91.1	89.9
두 류	24.5	16.8	14.9	11.7	11.7
채 소 류	98.9	98.4	97.8	99.2	98.7
과 실 류	102.5	92.1	92.1	93.2	92.6
육 류	92.9	93.1	91.0	89.2	90.8
- 쇠 고 기	53.6	55.6	54.6	50.8	53.8
- 돼지고기	100.3	100.9	98.3	96.6	99.3
- 닭 고 기	100.0	99.4	99.2	98.1	97.6
계 란 류	100.0	100.4	99.6	99.9	100.0
우 유 류	92.8	93.29	21.9	93.3	83.0
어 패 류	121.7	110.7	106.7	100.4	95.1
유 지 류	8.0	7.3	3.8	4.8	5.2

주곡인 쌀의 자급률이 90% 이상을 유지하고 있음에도 불구하고 곡류의 자급률은 1996년에 27%밖에 되지 않는다. 두류와 유지류의 자급률은 10~20%대가 된지 이미 오래되었다. 이제는 채소류와 과실류도 자급할 수 없는 실정인데, 근래 칠레산 포도나 중국산 마늘의 수입자유화 파동은 대표적인 예이다. 축산물 중에서는 쇠고기의 자급률이 가장 낮은데, 축산물에 대해서는

제6장에서 구체적으로 논의한다.

우리나라와 같이 남 · 북이 대치하고 있는 상황에서는 식량자급률의 확보는 식량안보 차원에서 매우 중요한 실정이다. 세계적으로도 각 국은 석유위기보다 식량위기를 더욱 중요시하는데, 식량수급의 악화는 밀과 옥수수 등 주요곡물의 가격이 2배 이상 폭등한 사례가 많았다. 최근에는 원유가격의 폭등과 무공해인 바이오 에너지(bio-fuel) 열풍으로 옥수수에서 에탄올을 추출하고 있으므로 국제 곡물가격의 폭등으로 이어져 축산업이 위기상황에 처해 있다.

양곡의 품목별 자급률은 표 5-9에서 보는 바와 같이 쌀은 거의 자급하고 있지만 쌀의 자급률은 몇 해를 제외하고 100% 이하이다. 특히 쌀은 재배면적의 감소로 쌀의 생산량은 소비량보다 빨리 감소하고 있지만 1인당 쌀의 소비량이 감소하고 있으므로 그나마 자급률을 90% 이상으로 유지하고 있는 실정이다.

[표 5-9] 우리나라 양곡의 품목별 자급률 추이 (단위 : kg)

연 도	합 계	쌀	보 리	밀	옥수수	두 류	기 타
1970	80.5	93.1	106.3	15.4	18.9	86.1	6.9
1980	56.0	95.1	57.6	4.8	5.9	35.1	89.8
1990	43.1	108.3	97.4	0.1	1.9	20.1	13.9
1995	29.1	91.4	67.0	0.3	1.1	9.9	3.8
1999	29.4	96.6	67.1	0.1	1.0	9.19	11.0

한편, 표 5-10에서 보는 바와 같이 1970년에 사료용을 제외한 양곡의 품목별 자급률은 옥수수 82.9%, 두류 98.3%였지만 1970년대 이후 축산물 생산량의 급증으로 1999년에 옥수수와 두류의 자급률은 각각 3.9%와 29.4%로 급감하였다. 또 1999년에 곡류의 자급률이 27.2%였지만, 사료용을 제외하면 자급률은 54.2%나 된다. 즉 곡류의 자급률이 낮아진 가장 큰 원인은 축산물 생산량의 증가 때문이라고 할 수 있다.

[표 5-10] 사료용을 제외한 양곡의 품목별 자급률 추이 (단위 : kg)

연 도	합 계	쌀	보 리	밀	옥수수	두 류	기 타
1970	86.2	93.1	115.1	15.9	82.9	92.3	100.8
1980	69.6	95.1	62.2	4.8	27.1	64.3	98.9
1990	70.3	108.3	97.4	0.1	8.2	64.9	79.7
1995	55.7	91.4	67.6	0.5	5.0	37.0	19.9
1999	54.2	99.9	71.4	0.3	3.9	29.4	23.5

제 6 장 동물의 생산물과 그 이용

1. 동물성식품의 생산량

1) 세계의 축산현황

세계의 가축사육두수, 축산물 생산량과 1인당 소비량은 표 6-1에서 보는 바와 같다.

[표 6-1] 세계의 축산현황

가 축	사육두수 (억두)	축산물 생산량 (만톤)	1인당 소비량 (kg)
소 (육우)	13	5,500	10
(유우)	–	54,300	76
면양(고기)	10	1,100	2
(가죽)	–	155	–
(가죽과 양모)	–	36	–
(양모)	–	240	–
염 소	7	700	1
돼 지	9	8,800	15
닭(고기)	142	5,400	10
(달걀)	–	5,000	150개
오 리	8.3	260	–
거 위	2.2	184	–
칠 면 조	2.5	475	–
말	0.6	58	–
당 나 귀	0.4	4	–
노 새	0.14	3	–
낙 타	0.2	26	–
토 끼	4.5	100	–
물 소	1.6	310	–
설 치 류	2.3	2	–

자료 : FAOSTAT(1998)

소는 약 13억두를 사육하고 있는데, 사육두수에서 육우와 유우를 구별하지 않은 것은 유육겸용종이 매우 많고, 유우도 쇠고기를 생산하기 때문이다. 세계의 쇠고기 생산량은 약 5,500만톤이고, 1인당 소비량은 약 10kg 정도이다. 세계의 우유 생산량은 약 5억 4,300만톤이고, 1인당 소비량은 약 76kg이다. 쇠고기와 우유의 1인당 소비량은 우리나라의 1인당 소비량보다 많다.

돼지의 사육두수는 약 9억두이고, 돼지고기 생산량은 약 8,800만톤이며, 돼지고기의 1인당 소비량은 약 15kg이다. 돼지고기의 1인당 소비량은 우리나라의 1인당 소비량과 거의 비슷하다.

닭은 약 142억수를 사육하고 있는데, 사육두수에서 육계와 산란계를 구별하지 않은 것은 난육겸용종이 매우 많고, 산란계도 닭고기를 생산하기 때문이다. 세계의 닭고기 생산량은 약 5,400만톤이고, 1인당 소비량은 약 10kg이다. 세계의 달걀 생산량은 약 5,000만톤이고, 1인당 달걀 소비량은 약 150개이다. 닭고기와 달걀의 1인당 소비량은 우리나라의 1인당 소비량보다 닭고기는 약간 많고 달걀은 약간 적다.

면양과 염소는 약 10억두와 7억두가 사육되고 있고, 면양고기와 염쇠고기의 생산량은 약 1,100만톤과 700만톤이며, 1인당 소비량은 면양고기와 염소고기가 각각 약 2kg과 1kg 정도이다. 우리나라는 면양을 거의 사육하지 않으므로 면양고기 소비량은 거의 없지만, 염소고기는 1인당 소비량이 0.05kg 정도로 매우 적다.

오리, 칠면조, 말 등 기타 가축의 사육두수와 고기 생산량은 매우 적기 때문에 1인당 소비량은 거의 대부분 1kg 미만이지만, 지역에 따라서는 경제적으로 중요한 가축으로 취급되고, 고기 소비량도 많은 축산물로 되어 있는 국가도 많이 있다.

(1) 가축사육두수의 변화

주요가축의 사육두수의 변화는 표 6-2에서 보는 바와 같이 대부분의 가축이 1930년대보다는 사육두수가 증가하였지만, 면양과 같이 1980년대 이후부터 사육두수가 감소한 가축도 있다.

[표 6-2] 가축사육두수의 변화 (단위 : 백만 두)

가 축	연 도			
	1939	1961	1987	1997
소	628	941	1,265	1,324
돼 지	260	406	838	939
닭	2,055	3,900	9,556	13,385
면 양	636	994	1,149	1,073
염 소	182	348	511	696

자료 : FAOSTAT(1998)

소는 1939년에 6억 2,800만두에서 1997년에 13억 2,400만두로 사육두수가 2배 이상 증가하는데 그쳤지만, 돼지는 약 4배, 닭은 약 5.5배나 증가하였다. 면양이 1980년대 이후 사육두수가 감소하고 있는 특징을 보이고 있는 것은 합성섬유의 개발로 모피용으로서의 용도가 감소하였기 때문이다. 육용 또는 유용으로 사육하는 염소의 사육두수가 계속 증가하고 있는 것과는 대조적인 현상이다.

(2) 동물성식품의 생산량과 1인당 소비량의 변화

세계의 축산물 생산량은 표 6-3에서 보는 바와 같이 1940년대와 1960년대에 비하여 1990년대에는 사육두수의 증가보다도 훨씬 많아졌는데, 이는 품종개량과 사양관리기술의 개발로 각 가축의 생산성이 좋아졌기 때문이다.

[표 6-3] 동물성식품의 생산량 (단위 : 1,000톤)

축산물	연도			
	1946	1961	1987	1997
세 계				
쇠고기	11,902	27,674	50,964	55,013
양고기	2,440	6,035	8,623	11,133
돼지고기	7,900	24,747	63,526	88,618
닭고기	–	7,555	31,453	49,718
달걀	–	15,183	34,619	51,389
우유	150,360	344,201	521,660	543,758
어패류	–	39,605	94,669	108,753
선진국				
쇠고기	8,761	19,189	34,684	30,719
양고기	1,519	3,522	3,812	3,447
돼지고기	7,087	20,373	37,177	35,207
닭고기	–	5,731	20,047	24,626
달걀	–	11,383	19,314	17,726
우유	131,446	276,830	377,697	340,906
어패류	–	22,604	45,382	32,627
개발도상국				
쇠고기	3,141	8,485	16,279	24,294
양고기	921	2,514	4,811	7,686
돼지고기	813	4,375	26,349	53,411
닭고기	–	1,824	11,406	25,092
달걀	–	3,799	15,306	33,663
우유	18,914	67,371	143,964	202,852
어패류	–	17,001	49,249	75,990

자료 : FAOSTAT(1998)

1946년에 비하여 1997년에 쇠고기와 양고기의 생산량은 각각 거의 5배 가까이 증가하였고, 돼지고기 생산량은 11배 이상이 증가하였으며, 우유의 생산량은 거의 3배가 증가하였다. 1961년에 비하여 1997년에 닭고기의 생산량은 6배 이상, 달걀의 생산량은 거의 3배가 증가하였고, 어패류의 생산량도 거의 3배가 증가하였다.

선진국의 축산물 생산량은 1940년대와 1960년대에 비하여 1990년대에 상당히 증가하였지만, 세계의 축산물 생산량과 비교할 때는 증가의 폭이 매우 적은 특징을 보이고 있다. 그러나 후진국의 축산물 생산량은 1940년대와 1960년대에 비하여 1990년대에 굉장히 많이 증가하였다. 후진국의 축산물 생산량은 세계의 축산물 생산량과 선진국의 축산물 생산량의 증가보다 훨씬 큰 폭으로 증가한 특징을 보이고 있다.

2) 우리나라의 축산현황

우리나라에서 가축을 사육한 역사는 약 3,000년 이상된 것으로 추측되지만, 문헌상의 기록이나 유물이 출토된 것은 약 2,000년 전부터이다. 삼국시대와 고려시대에는 소와 말을 역용으로 많이 사육하였지만 불교의 영향으로 축산물의 소비가 매우 적었고, 조선시대에는 소와 말은 역용으로 사용하기 위해 도축이 금지되었었다는 기록이 많이 남아 있으며, 일제시대에는 소를 일본으로 많이 수출하였다는 기록도 있지만 여러 가지 이유로 축산물의 소비량은 매우 적었다.

쇠고기, 돼지고기는 결혼식, 회갑잔치, 제삿날 같은 특별한 일이 있을 때만 먹어 볼 수 있는 귀중한 식품이었으며, 닭고기는 백년지객이라는 사위에게 특별히 대접하는 식품으로 알려져 왔었다. 그러나 1960년대 이후 경제개발정책으로 국민소득이 증가하면서 축산물의 소비량은 급속히 증가하여 현재는 많은 축산물을 수입하여야만 수요를 충족할 수 있는 축산물 수입국이 되었다.

(1) 가축사육두수

우리나라의 가축사육두수 동향은 표 6-4와 같이 1945년 해방 후의 혼란과 1950년 한국전쟁으로 거의 멸종위기에까지 이르렀으나, 1960년대 이후 경제개발정책으로 국민소득이 증가하면서 축산물 소비량이 증가함으로써 가축사육두수도 계속 증가하였다.

한우의 사육두수는 1950년에 40만두 이하였으나 1996년까지 계속 증가하여 280만두 이상되었었지만 1997년 IMF 이후 쇠고기 소비량의 감소와 2001년 1월부터 개방된 쇠고기 수입자유화로 한우 사육농가가 한우사육을 기피하면서 사육두수가 급격히 감소하여 2005년 말에는 182만두 정도로 감소되었다.

젖소의 사육두수는 1950년에 1,000두 미만이었으나 1990년에 50만두 이상으로 증가한 후 1990년대까지 계속 50만두대를 유지하고 있다가 2000년대에 48만두 정도로 감소하였다.

[표 6-4] 가축의 사육두수 동향 (단위 : 두)

가축 / 연도	한우(육우)	젖 소	돼 지	닭(천수)	비 고
1920	1,489,797	–	997,000	5,972	전국
1930	1,611,585	1,500	1,387,000	6,147	〃
1940	1,740,390	2,304	–	6,990	〃
1945	597,085	1,661	195,000	1,516	〃
1950	392,660	780	156,400	719	남한
1960	1,010,235	866	1,397,139	12,030	〃
1970	1,247,061	22,827	1,121,413	23,632	〃
1980	1,427,200	20,851	1,761,124	44,420	〃
1990	1,621,654	503,947	4,528,008	74,463	〃
1995	2,594,027	553,467	6,461,179	85,800	〃
1996	2,843,535	551,493	6,515,773	82,829	〃
2000	1,590,000	554,000	8,214,000	102,547	〃
2005	1,819,000	479,000	8,962,000	109,628	〃

자료 : 한국축산연감(2006)

돼지의 사육두수는 1950년에 불과 15만두밖에 없었지만 국민소득의 증가로 돼지고기 소비량이 급격히 증가하면서 계속 늘어나 현재는 900만두 이상이 사육되고 있다.

닭의 사육두수는 1950년에 불과 70만수였으나 국민소득의 증가로 닭고기와 달걀의 소비량이 급격히 증가하면서 계속 늘어나 현재는 1억수 이상이 사육되고 있다. 이 중에서 약 50%는 산란계이고, 나머지 50%는 육계이다.

2) 축산물 소비량

축산물의 국민 1인당 소비량은 표 6-5에서 보는 바와 같이 1인당 국민소득이 $87밖에 되지 않았던 1962년에 쇠고기 0.6kg, 돼지고기 1.4kg, 닭고기 0.6kg, 달걀 32개, 우유 0.1kg에 불과하였지만, 1인당 국민소득이 $10,000 이상으로 상승한 2005년에는 쇠고기 6.7kg, 돼지고기 17.8kg, 닭고기 7.6kg, 달걀 11.0 kg, 우유 62.7kg으로 증가하였다.

38년 사이에 쇠고기, 돼지고기, 닭고기의 1인당 소비량은 거의 10배 이상 증가하였고, 달걀의 1인당 소비량은 6배 증가하였으며, 우유의 1인당 소비량은 무려 600배나 증가하였다. 이는 1960년대 이후 지속적인 경제발전으로 1인당 국민소득이 100배 이상 증가한 것이 가장 큰 요인이라고 할 수 있다.

한편, 주요 국가별 축산물의 1인당 소비량은 표 6-6과 같이 미국인은 육류를 114.5kg/년이나 소비하고 있고, 그 중에서도 성인은 444kg/년을 소비한 것으로 나타나 있다. 우리나라도 국민소득이 $30,000시대가 될 때까지 축산물의 소비량이 계속 증가할 것으로 예상할 수 있다.

[표 6-5] 축산물의 국민 1인당 소비량과 소득 비교 (단위 : kg/인/년)

구 분 / 연도	국민 1인당 소비량					1인당 GNP($)
	쇠고기	돼지고기	닭고기	달 걀	우 유	
1962	0.6	1.4	0.6	32(개)	0.1	87
1967	1.1	2.4	0.8	45(〃)	0.6	134
1972	1.2	2.7	1.6	84(〃)	2.4	293
1977	2.2	3.9	2.0	98(〃)	7.0	964
1980	2.6	6.3	2.4	119(〃)	10.8	1,508
1985	2.9	8.4	3.1	7.2(kg)	23.8	2,194
1990	4.1	11.9	4.0	9.2(〃)	42.9	5,883
1993	5.31	3.9	5.5	10.1(〃)	45.0	7,466
1994	6.31	4.2	5.5	9.7(〃)	46.7	8,508
1995	6.71	4.8	5.9	10.1(〃)	47.8	10,076
1996	7.11	5.3	6.1	10.3(〃)	54.5	11,380
1997	7.91	5.3	6.4	10.4(〃)	52.1	10,307
1998	7.41	5.1	5.6	9.8(〃)	49.2	6,723
1999	8.41	6.1	6.9	10.4(〃)	58.6	8,551
2000	8.61	7.0	7.0	10.5(〃)	59.2	9,628
2005	6.71	7.8	7.6	11.0(〃)	62.7	13,000

자료 : 한국축산연감(2006)

[표 6-6] 주요 국가별 축산물 소비량(1995) (단위 : kg/인/년)

국 가	육 류				달걀(개)	우 유
	쇠고기	돼지고기	닭고기	소 계		
한 국	6.7	14.8	5.9	27.4	184	57.8
미 국	45.1	31.6	37.8	114.5	260	271.0
(성인)	(152)	(114)	(178)	(444)	(255)	(−)
영 국	17.9	23.5	18.5	59.9	169	305.0
호 주	29.1	16.6	24.8	70.5	−	280.0
대 만	2.9	40.7	25.0	68.6	366	−
일 본	11.8	16.4	12.0	40.2	329	100.0
…	…	…	…	…	…	…
선진국	23.7	27.8	20.7	72.2	194.2	195.0
세 계	9.7	14.6	9.5	33.8	116	76.3
도상국	5.6	10.7	6.2	22.5	81.4	41.3

(3) 축산물 자급률과 소비 전망

우리나라의 축산물 자급률은 표 6-7에서 보는 바와 같이 쇠고기 44.2%, 돼지고기 80.2%, 닭고기 83.8%, 우유 71.3%, 달걀 99.9%로 나타나 있다. 특히 쇠고기는 수요량의 절반도 자급하지 못하고 있으나, 수입자유화 이후 수입이 점점 증가하므로 2010년 말에는 자급률이 30%대 이하가 될 것으로 예상하고 있다.

[표 6-7] 축산물 자급률(2005년) (단위 : 천톤)

축 산 물	수 요	공 급		자급률(%)
		생 산	수 입	
쇠 고 기	344.8	152.4	192.4	44.2
돼지고기	875.2	701.5	173.6	80.2
닭 고 기	359.0	301.0	58.0	83.8
달 걀	518.0	515.0	3.0	99.9
우 유	3,127.0	2,229.0	898.0	71.3

2. 동물성식품의 중요성

동물성식품은 흔히 축산식품이라고도 하며 가축을 이용하여 우수한 식품을 생산하여 이용하는 것이다. 특히 식물성식품 혹은 농산식품이라고 하는 곡류, 서류, 두류, 야채류만으로는 우리 몸에서 필요로 하는 필수아미노산, 필수지방산, 지용성 비타민 등을 충분히 섭취할 수 없을 뿐 아니라 무기질 중에서도 흔히 부족하기 쉬운 칼슘이 결핍되는 경우가 많다.

동물성식품을 크게 분류하면 유제품, 육제품, 난제품 등으로 구분할 수 있으며, 인류는 아주 오래 전부터 영양학적인 필요성과 식품에 대한 기호성으로 인하여 우리 식생활에 편리하도록 각종 유제품과 육제품, 난제품을 이용하게 되었다.

하지만 지역별로 살펴볼 때 인구밀도가 높고 식품의 생산이 부족하여 빈곤한 식생활을 해온 지역은 역시 단위 면적당 에너지의 생산효율(표 6-8)이 높은 곡류위주의 식생활을 해왔으며, 토질이 척박하여 곡류생산마저도 부족한 지역에서는 서류를 곁들여 이용해 오곤 하였다.

[표 6-8] 단위 면적당 생산되는 각종 식품의 에너지 수량 비교

농산식품	에너지(1,000Kcal)	축산식품	에너지(1,000Kcal)
고 구 마	2,595	우 유	711
감 자	2,640	치 즈	427
쌀	499	버 터	355
보 리	336	돼지고기	673
밀	327	닭 고 기	179
옥 수 수	263	양 고 기	137
콩	150	소 고 기	130

그러나 비교적 땅이 비옥하고 인구가 상대적으로 적었던 지역에서는 초지를 이용한 가축의 사육으로 풍부한 축산식품을 생산하여 이용해 왔다. 우리나라의 경우 열악한 식생활 환경에서 살아야 하는 어려운 여건 속에서 살다보니 대부분 곡류위주의 식생활을 하였으며, 특별한 환경이나 특수계층에서만 동물성식품을 이용하게 되었다.

동물성식품을 이용하기 위하여 인류는 오래 전부터 동물을 순화시켜 가축화하기 시작하였으며, 그 중 사료효율이 뛰어나고 성질이 온순한 동물만이 일찍이 인류의 식생활과 연관을 맺게 되었다. 이러한 동물로는 소, 말, 돼지, 닭, 면양, 염소, 오리, 칠면조 등을 들 수 있으며, 그 외에도 다양한 동물을 이용하여 왔는데 인류는 이들 동물을 점차 사육목적에 맞게 품종을 개량하여 왔다.

지금은 전 세계가 하나의 문화권으로 변해가면서 이들 동물성식품의 생산은 물론 가공기술까지 고도로 전문화되어가고 있으며, 사회의 필요성에 의하여 생산기반도 대형화되어가는 추세이다. 특히 20세기 말부터 나타난 식품의 선호경향은 이들 동물성식품과 연관된 햄버거, 피자, 아이스크림은 물론 고급화된 치즈, 햄, 소시지 등이 인기를 끌고 있다. 또한 우리나라처럼 식육을 2차 가공 없이 직접 굽거나, 삶아서 이용하는 경향이 많은 나라까지도 식육의 위생적인 면과 맛을 고려하여 고급화된 식육을 구매하고자 하기 때문에 동물성식품의 생산기반은 더욱 전문화, 대형화되어가고 있는 실정이다.

특히 우리나라의 식생활을 살펴볼 때 밥과 채소 위주의 식단으로 구성되어 있기 때문에 다이어트와 성인병 예방에서는 장점을 가지고 있다고 볼 수 있지만 성장기 어린이나 노인은 물론 대부분의 성인들까지도 만성적인 칼슘 부족으로 인하여 왜소하거나 허약하며 심한 골다공증의 만성증세에 시달리고 있다.

최근에 와서 식생활문화의 향상과 소득증대로 인하여 칼슘 및 동물성 단백질과 지방 등의 섭취가 조금씩 개선되므로 과거 1960년대 이전에 흔히 볼 수 있었던 꼬부랑 할머니, 할아버지의 지팡이 짚던 모습이나 치아가 모두 빠져 틀니에 의존해 오던 광경은 점차 사라지고 있다. 그러나 아직도 외국에 비하면 유제품을 비롯한 동물성식품의 이용량이 저조하여 여전히 만성적인 칼슘 부족 현상이 남아있다고 볼 수 있다. 따라서 식생활문화의 개선으로 영양분의 섭취가 균형지게 되고, 또 편리한 식품을 섭취하게 됨으로 건강하고 여유있는 삶을 살도록 우리 모두 노력해야 한다.

1) 필수아미노산의 공급

인체를 구성하고 있는 아미노산은 20여종이 되며, 식물성식품 내의 아미노산과는 달리 동물성식품에는 이들 아미노산이 인체와 거의 유사하게 존재하고 있다. 따라서 동물성식품을 통하여 섭취하는 단백질은 식물성 단백질에 비하여 생물가(biological value, B.V.)가 높은데 이는 체내에서 합성할 수 없는 필수아미노산(essential amino acid) 9가지가 모두 인체와 비슷한 수준으로 함유되어 있기 때문이다.

표 6-9는 WHO가 권장하는 필수아미노산 요구량과 각종 식품에 함유되어 있는 아미노산의 함량인데, 쇠고기, 돼지고기, 닭고기에는 WHO가 권장하는 필수아미노산이 거의 대부분 충분히 함유되어 있지만 밀가루에는 몇 종류의 필수아미노산이 부족한 것을 알 수 있다.

[표 6-9] 식품의 아미노산 함량 (단위 : mg/100g)

아미노산	WHO 권장량	쇠고기	돼지고기	닭고기	밀가루
히스티딘	–	21	26	18	13
아이소루신	26	28	27	31	20
루이신	44	49	49	45	39
라이신	34	52	59	51	13
메티오닌, 시스틴	22	23	21	25	22
페닐알라닌, 티로신	38	45	44	44	46
트레오닌	25	27	27	26	16
트립토판	6	7	7	7	7
발린	31	30	30	30	23

2) 필수지방산의 공급

동물성식품은 체내에서 합성할 수 없는 필수지방산의 공급이라는 점에서 볼 때 매우 중요한 기능을 담당하고 있다. 식품 내의 지방은 글리세롤과 지방산의 결합으로 이루어져 있으며, 지방산은 탄소의 결합구조에 따라 이중결합을 가지고 있는 불포화지방산과 이중결합이 없는 포화지방산으로 구분되고 탄소의 개수에 따라 저급지방산과 고급지방산으로 구분된다.

식물성유지는 대부분 포화지방산을 함유하고 있어서 실온에서 액체상태로 존재하지만 동물성지방은 대부분 불포화지방산을 함유하고 있어 실온에서 고체로 존재한다.

육류의 지방산 조성은 표 6-10에서 보는 바와 같이 대부분 고급지방산으로 되어있으며, 식물성식품에 비하여 필수지방산이 비교적 많이 함유되어 있다.

일반적으로 고기에는 콜레스테롤 농도가 높은 포화지방산을 많이 함유하고 있으므로 심장병과 고혈압의 발병률이 높아진다고 하여 동물성지방의 섭취를 기피하는 경향이 있지만, 에스키모인들은 동물성식품만 섭취하지만 심장병 발병률이 세계에서 가장 낮다는 보고를 볼 때 성인병의 발병은 단순히 섭취하는 식품의 종류에만 의존하는 것이 아니라 전반적인 식생활 습관 및 운동 등의 복합적인 것이 영향을 주는 것으로 생각할 수 있다.

[표 6-10] 쇠고기, 돼지고기, 닭고기의 지방산 조성

지방산	쇠고기	돼지고기	닭고기
12:0	–	0.1	–
14:0	2.3	2.2	0.4
14:1	0.9	–	0.2
15:0	0.3	–	–
15:1	0.1	0.1	–
16:0	24.7	29.4	26.8
16:1	4.4	5.0	4.3
17:0	0.9	0.2	–
17:1	0.8	0.3	–
18:0	13.4	10.8	5.9
18:1	47.1	45.6	42.9
18:2	3.4	5.5	18.8
18:3	0.5	0.4	0.9
20:1	0.2	0.5	–
포화지방산	42.6	42.7	33.0
불포화지방산	57.4	57.3	67.0

고기의 지방에 들어있는 필수지방산의 하나인 올레인산(C_{18-1})은 고기의 질을 좌우하게 되는데, 특히 표 6-11에서 보는 바와 같이 한우고기나 일본의 화우고기가 젖소고기나 수입고기보다 지방산 중 올레인산의 함량이 많은 것을 알 수 있다.

[표 6-11] 쇠고기 등심의 근내지방 중 올레인산(C_{18-1}) 함량

구 성 분	쇠고기의 원산지 별				
	한우(한국)	젖소(한국)	화우(일본)	육우(미국)	육우(호주)
지방산 중 올레인산 함량(%)	48.0	27.0	50.2	42.5	31.6

3) 지용성비타민의 공급

동물성식품은 식물성식품에 비하여 지용성비타민인 비타민 A, D, E, K를 많이 함유하고 있다. 그러므로 채식만으로 공급할 수 없는 지용성비타민의 공급은 동물성식품의 우수한 기능이라 할 수 있다.

특히 비타민 D는 칼슘의 흡수를 촉진시키는 기능이 있으며, 칼슘의 흡수를 향상시키기 위하여 시유에 비타민 D를 첨가하여 영양분을 강화한 제품들이 소비자의 좋은 반응을 얻고 있다.

4) 칼슘의 공급

우리 몸에 필요한 무기질은 칼슘(Ca), 마그네슘(Mg), 인(P), 칼륨(K), 나트륨(Na), 황(S), 염소(Cl), 철(Fe), 구리(Cu), 요오드(I), 망간(Mn), 아연(Zn) 등 많은 종류가 있지만 대부분의 무기질은 균형진 식사에 의하여 공급되기 때문에 특별히 염려하지 않아도 된다. 하지만 칼슘의 경우는 특히 한국 사람처럼 채식을 주로 하는 경우에는 부족되기 쉬운 무기질이다. 따라서 적당량의 육식은 이러한 칼슘의 공급에 도움이 되며, 특히 유제품의 섭취는 칼슘을 가장 효과적으로 공급할 수 있는 방법이라 할 수 있다.

칼슘은 뼈나 치아의 건강을 위해서 필수적인 성분이지만 세포 내에서도 각종 효소활성제로 작용하므로 우리의 건강을 위하여 대단히 중요한 무기질 성분이다.

5) 기호성이 우수

동물성식품은 필수아미노산, 필수지방산, 지용성비타민 등의 영양소 공급으로 그 우수성이 설명되지만, 기호성 또한 대단히 뛰어난 식품이다. 우리 식탁의 경우 동물성식품을 완전히 배제하는 경우에 풍성한 식탁의 구성이 어려울 정도이다. 식품은 우리생활에 미치는 영향이 매우 크며, 다양한 기능과 연관되어 있다.

이러한 식품의 기능을 두 가지로 설명하면 그 하나는 영양분의 공급이고 다른 하나는 식도락에 대한 기여이다. 먹는 즐거움이야 말로 인생삼락의 하나이기 때문이다.

3. 동물성식품의 종류

1) 우유와 유제품

(1) 우리나라 유업의 현황

우리나라에서 낙농업이 시작된 것은 1960년대 초부터이며, 외국에서 젖소를 도입하면서 낙농발전에 박차를 가하게 된 것이다(표 6-12). 우리나라의 유가공업은 70년대에 들어서면서 급격히 발달하기 시작하였으며 2000년에 와서는 제품의 질적 수준이 선진국과 거의 차이가 없을 정도로 향상되었다(표 6-13). 그러나 세계 주요 나라의 우유 생산량 및 소비량(표 6-14)과 비교해 볼 때 우리나라는 매우 낮은 수준에 있다고 할 수 있다.

세계인구의 평균 연간 1인당 우유 소비량이 약 100kg인 것을 감안할 때 우리나라도 우유의 생산과 소비를 더욱 향상시켜 우리의 식생활 구조개선과 국민건강에 이바지하도록 노력하여야 할 것이다.

[표 6-12] 우리나라의 젖소 사육현황

연 도	사육가구수(호)	사육 두수(두)	착유우(두)	두당 산유량(kg)
1970	3,126호	20,510두	12,067두	3,593kg
1980	17,666호	172,883두	84,114두	4,494kg
1990	33,277호	503,947두	272,963두	5,372kg
2000	15,671호	548,913두	246,920두	6,032kg

[표 6-13] 우리나라의 우유처리 가공실적(M/T)

연 도	산유량	음용유용	가공용
1970	51,888	20,996	26,710
1980	457,580	258,587	193,740
1990	1,754,964	1,305,825	445,933
2000	2,028,374	1,349,782	677,428

[표 6-14] 주요국별 우유 생산량 및 소비량

국 별	젖소 사육두수	우유생산량 (1,000톤)	우유 소비량(kg)		
			음용유	가공유	계
미 국	9,904	67,369	108	143	251
영 국	2,779	14,013	121	105	226
프랑스	4,986	23,298	77	310	387
독 일	4,529	21,450	70	217	287
뉴질랜드	2,160	7,749	134	188	322
호 주	1,624	6,661	102	119	221
일 본	2,082	9,261	41	42	83
한 국	508	1,861	32	12	44

(2) 우유의 구성성분

우유는 88%의 수분과 약 12%의 총고형분으로 구분되며, 총고형분은 유당 4.7~4.9%, 유단백질 3.0~3.5%, 유지방 3.0~3.5%, 회분 0.7%로 구성되어 있다. 이 중 유단백질은 케이신(casein)과 유청단백질(whey protein)로 구성되어 있으며, 총 단백질량 중 각각 80%와 20%를 차지하고 있다.

유지방은 여러 가지 요인에 의해서 그 양이 변동되기 쉬운 성분이며, 옛날부터 유질의 기준과 유제품의 성분규격은 지방의 함량에 의하여 결정되어 왔고, 또한 가장 중요시 되어 왔다. 그러나 최근에 이르러 유지방보다도 무지고형분이 영양상 더 중요하다는 사실이 인식되고 있으며, 일부 선진 낙농국가에서는 원료유의 가격을 무지고형분의 함량에 의하여 결정하고 있다.

무지고형분 중에서도 유단백질은 각종 필수아미노산을 함유하고 있고, 생물가(biological

value)도 매우 높은 우수한 영양원이다. 유당은 우유의 고형분 중에서도 그 함량이 높고, 상유(normal milk)에서는 비교적 변동이 적은 성분이다. 하지만 소화가 잘 되지 않아 유당소화장애(lactose intolerance)를 일으키므로 우유소비에 문제점이 되기도 한다.

(3) 유제품의 종류

가. 시 유

시유는 우유를 가열, 살균하여 소비자가 위생상 안전하게 마실 수 있도록 적은 단위 용량으로 포장한 것이며, 농장에서 도시로 배달된다는 뜻에서 시유(市乳, city milk, market milk)라고 한다. 오늘날은 소비자의 기호성에 맞도록 우유의 일반 조성분 일부를 조절하거나 풍미를 바꾸고 또 가열처리방법을 다르게 한 여러 종류의 시유가 생산되고 있다.

나. 크림 및 버터

A. 크 림

우유를 원심분리하면 비중이 가벼운 지방이 위쪽으로 이동하여 분리되므로 지방이 많은 부분과 지방이 없는 부분으로 나누어지게 되는데 일반적으로 유지방이 10% 이상인 우유를 크림(cream)이라 부르고, 지방이 없는 우유를 탈지유(skimmilk)라 부른다. 크림은 지방함량에 따라 버터, 아이스크림, 제과 등의 원료와 요리용으로 구분되며, 그 종류는 표 6-15와 같다.

[표 6-15] 크림의 종류 (단위 : %)

크림의 종류	유지방 함량
Half and half(Table cream)(저지방 크림, 식용크림)	10 ~ 20
Light whipping cream(저지방 포말크림)	20 ~ 30
Heavy whipping cream(고지방 포말크림)	30 ~ 40
Sour cream(발효크림)	20 ~ 40

B. 버 터

우유에서 분리한 크림을 천천히 교동(churning)하면 유지방구의 막이 파괴되고 지방은 뭉쳐서 작은 버터입자(butter granules)가 된다. 이것을 모은 다음 연압(working)이라는 공정으로 교반하여 남아있는 물은 분산시키고 유화상태로 만든 것이 버터(butter)이다.

따라서 물에 유화된 상태(O/W)로 있는 크림에서 물이 유지방에 유화된 상태(W/O)로 바뀐 것이며, 유지방 함량이 버터와 동일한 고농도의 크림과는 풍미(風味, flavor)와 물성(物性, consistence)에 큰 차이가 있다.

C. 치 즈

치즈(cheese)란 전유, 탈지유, 부분 탈지유, 크림, 버터밀크 등을 원료로 하여 여기에 젖산균, 렌넷(rennet) 또는 기타 응유효소, 산 등을 첨가하여 케이신을 지방과 함께 응고시키고 유청을 제거한 다음, 가열, 가압 등의 처리에 의해서 만들어진 것이며, 이들 신선한 응고물을 그대로 식품으로 이용하는 경우도 있지만 대부분의 경우 숙성단계를 거쳐 발효시킨 것을 이용한다.

치즈의 종류는 알려진 것만도 800종 이상되며, 그 명칭도 지역 이름, 제조방법, 숙성곰팡이의 종류 등에 따라 다양하게 붙여지고 있다. 이들을 분류하는 것도 여러 가지 방법이 이용되고 있다.

제조방법에 따라 10여개의 그룹으로 나누는 경우도 있으며, 조직이나 숙성방법에 따라 나누어지기도 한다. 일반적으로 가장 많이 이용되는 치즈의 분류방법은 표 6-16처럼 수분 함량에 의한 분류이다.

[표 6-16] 치즈의 분류

종 류	구 분	대표적인 치즈의 명칭
연질치즈(Soft cheese) 수분 45~80%	숙성시키지 않은 것 숙성시킨 것	Cattage, Cream cheese Mozzarella Camembert, Brie
반연질치즈(Semisoft cheese) 수분 40~45%	내부세균 숙성 내부곰팡이 숙성 표면미생물 숙성	Brick Blue, Roquefort Limburger
경질치즈(Hard cheese) 수분 35~40%	발효가스공이 있는 것 발효가스공이 없는 것	Swiss, Emmental Cheddar
초경질치즈(Very hard cheese) 수분 30~35%	주로 세균 숙성	Parmesan, Romano Asiago

D. 발효유제품

발효유(fermented milk)는 포유동물의 젖을 주로 젖산박테리아에 의하여 발효시켜 만든 우유제품을 말한다. 발효유는 동 지중해 지역에서 아마도 페니시아(Phoenicia)시대 이전에 만들어진 것으로 생각되며, 후에 중동부와 유럽으로 전파되었다.

소, 양, 염소, 낙타, 말 등에서 짠 생유가 더운 기후에서 박테리아에 의해 발효되어 커드(curd)가 형성되었으며, 이것이 당시의 자연적인 발효유의 탄생이었다고 생각된다. 생유에 오염되어 발효유를 만들어 준 박테리아는 젖산박테리아이었을 것이고, 자연의 힘으로 만들어진 발효유의 우수성이 이 지역 사람들에게 널리 알려졌으며, 오늘날에는 전 세계적으로 그 가치가 인정되어 소비가 가장 빨리 증가하는 유제품 중의 하나가 되었다(표 6-17).

[표 6-17] 발효유의 종류와 형태

구 분	발효유의 이름	사용미생물
젖산 발효유	Bulgarian milk	*Lactobacillus bulgaricus*
	Acidophilus milk	*Lactobacillus acidophilus*
	Yoghurt	*L. bulgaricus, L. casei* *Streptococcus thermophilus*
	Cultured buttermilk	*S. lactis*
	Cultured cream	*S. diacetylactis,* *Leuconostoc citrovorum*
젖산 알코올 발효유	Kefir Koumiss	Lactic acid bacteria, Yeast Lactic acid bacteria, Yeast

이러한 발효유의 과학은 19세기에 들어오면서 Pasteur 등에 의한 미생물학의 발달로 서서히 알려지게 되었으며, 프랑스에서 연구하고 있던 소련 태생의 미생물학자 메치니코프(Eile Metchnikoff, 1845-1916)가 불가리아 지방의 불가리아 유(Bulgaria milk)를 연구하여 불가리아 인이 장수하는 원인이 불가리아 유를 항상 먹기 때문이라고 발표함으로써 발효유 과학의 새로운 기원을 이룩하였다.

그리하여 불가리아 유를 만드는 젖산박테리아는 *Lactobacillus bulgaricus*로 명명되었고, 오늘날 과학은 이들 젖산박테리아가 인류의 건강생활에 필수적인 것임을 증명해주고 있다.

E. 농축유제품

우유의 수분을 증발시키고 유고형분의 함량이 많은 상태의 것을 농축유제품(concentrated dairy products)이라 하며, 대표적인 제품은 연유(煉乳, concentrated milk, evaporated milk)이다. 특히 가당연유(sweetened condensed milk)는 우유를 1/3정도로 농축하고 설탕 등 감미료를 60~65% 용해시켜서 미생물이 증식할 수 없도록 만든 것이며, 과거 냉장시설 등이 보급되지 않은 시내에는 우유의 저장수단으로 매우 널리 이용되어 왔다.

이러한 연유는 설탕 및 유지방의 함량에 따라 다음과 같이 구분된다.

① 가당연유(sweetened condensed milk)
- 가당 전지연유(sweetened condensed whole milk)
- 가당 탈지연유(sweetened condensed skimmilk)

② 무당연유(evaporated milk)
- 무당탈지연유(evaporated whole milk)
- 무당탈지연유(evaporated skimmilk)

⑥ 건조유제품

건조식품의 대부분은 저장성을 높이는 수단으로 또는 취급의 간편성 때문에 생산되고 있다. 유제품도 이와 같은 목적으로 생산되어 왔으며, 고지방성의 크림분말, 고형상태의 것을 건조한 건조치즈 등 건조유제품(dried dairy products)의 종류가 많으나 대표적인 건조유제품은 분유(粉乳)이다.

분유의 생산은 13세기경으로 알려지고 있으며, 재래식인 원통건조법(drum or film drying process) 등으로 제조되다가 19세기에 와서 분무건조법(spray drying process)에 의하여 제조되기 시작하였으며, 우리나라는 1965년부터 분유를 생산하기 시작했다.

분유의 종류는 전지분유(whole milk powder), 탈지분유(skimmilk powder), 가당분유(sweetened milk powder), 강화분유(fortified milk powder), 조제분유(infant formula milk powder) 등과 같이 가당, 영양소 강화, 조성분의 변화를 시킨 것이 있으며, 용해도만을 개선한 인스턴트 분유(instant milk powder)는 순수한 분유와 큰 차이가 없는 제품이다. 그러나 분유와 비슷한 제품들로서는 분말크림(dried cream), 분말버터 밀크(dried butter milk) 유청분말(whey powder), 유청단백질 분말(dried whey protein) 등이 있다.

F. 냉동유제품

냉동유제품(frozen dairy products)은 우유나 유제품을 그대로 냉동시키거나 또는 다른 성분을 첨가하여 냉동시켜서 기호성과 품성을 좋게 만든 제품으로써, 냉동유제품 중에서는 가장 인기 있는 품목이 아이스크림(ice cream)이고, 그 성분과 첨가물과 제법에 따라 아이스 밀크(ice milk), 셔벳(sherbet), 빙과(ice cake) 등 여러 종류가 있으며, 그 형태도 매우 다양하다.

냉동디저트(frozen dessert)의 기원은 13세기경 마르코 폴로(Marco Polo)에 의하여 아시아에서 수 천년동안 사용되던 빙과 요리법이 소개되면서 유럽에 전해지게 되었으며, 그 당시 제품은 눈이나 얼음에 맛과 향을 첨가한 것으로 생각된다. 현재 아이스크림 중 가장 인기가 있는 것은 바닐라 아이스크림이며, 그 다음은 초콜릿 아이스크림과 딸기 아이스크림 순이다.

2) 식육 및 육제품

(1) 우리나라 식육산업의 현황

식육(meat)은 가축을 도살, 해체함으로써 생산된다. 따라서 식육은 물론 가공 원료육을 확보하기 위해서는 그 만큼 넉넉한 가축을 사육하여야 한다. 사육하는 주 목적에 따라 유용종(乳用種), 역용종(役用種) 등이 있으나, 결국에는 고기생산용으로 쓰이게 되며, 모든 동물의 최종생산물은 고기라고 할 수 있다. 육가공은 신선한 고기의 저장수단으로서 발전되어 왔으나 근래에는 기호성에 중점을 두게 되었고, 간편한 조리식품으로서 새로운 것도 개발되고 있어 종류도 다양화되어가고 있다.

우리나라의 주된 식육자원은 한우(韓牛), 돼지 및 닭이며, 그 외에도 산양(염소), 토끼, 말, 칠면조, 오리 등이 다양하게 이용되고 있다(표 6-18). 한우는 원래 농업용 역우(役牛)로서 중요한 가축이었으나 농업기계화에 영향을 받아 현재는 식육자원으로서 더욱 중요하게 되었다. 현재 우리나라의 쇠고기는 수입쇠고기와 차별화된 한우육이 인기를 끌고 있으며, 식육의 등급화와 기능성을 첨가한 차별화로 발전해 가고 있다. 돼지도 원래의 육용동물로서 지방형(lard type)보다 생육형(pork type), 또는 베이컨형(bacon type)의 돼지가 많이 사육되고 있으며, 최근에는 하이포크, 목우촌 등 국내 상표로 등급화된 고급육의 생산이 점차 활발해지고 있다.

양계도 산란계와 육용계 모두 크게 발전하여 생산량과 소비량이 날로 증가하고 있으며, 특히 최근 특수란(기능성 식품으로 발전)에 대한 인기가 상승하면서 그 생산 또한 증가하고 있다.

[표 6-18] 우리나라의 가축사육 현황 (단위 : 천두)

연 도	한 우	돼 지	닭	오 리	사 슴	염 소
1980	1,390	1,784	40,130	404	9	201
1985	2,554	2,853	51,081	689	23	318
1990	1,622	4,528	74,463	717	53	211
1995	2,594	6,462	85,800	2,357	100	681
2000	1,590	8,214	102,547	5,134	150	449
2005	1,819	8,962	109,628	8,339	126	523

(2) 식육의 구성성분

고기에는 수분 60~75%, 단백질 15~20%, 지방 15~35%가 함유되어 있으며, 특히 지방 함량은 고기의 부위에 따라서 많은 차이가 있다(표 6-19).

수분 함량은 고기의 보수성(water holding capacity)과 관련이 되며 육질에 영향을 준다. 단백질은 전체 고형분의 80%를 차지하고 있으며, 근육조직 단백질은 그 기능이나 구성부위 또는 용해도의 차이에 따라 근원섬유 단백질(myofibrillar protein), 육기질 단백질(stroma protein), 근장 단백질(sarcoplasmic protein) 등으로 구분된다.

지방 함량은 고기 성분 중 가장 변동이 크며, 그 성질도 동물의 종류, 조직의 차이, 연령, 영양조건, 도체부위 등에 따라 다르다. 동물체의 지방은 피하, 근육 사이, 신장 주위, 망막 등의 지방에 존재하는 축적지방(deposit fat)과 근육, 장기 등의 조직에 있는 조직지방(tissue fat)으로 대별된다. 비육이 더 진행되면 인체근속 주위의 결합조직에까지 지방의 침착이 생기는데 이것을 근육 내 지방이라 하며, 흔히 서리가 내린 것 같아 상강육(霜降肉, marbling)이라 한다. 이러한 상강육이 잘 발달된 고기를 품질이 우수한 것으로 인정한다.

[표 6-19] 식육의 부위별 화학적 조성 (단위 : %)

종 류	부위별	수 분	조단백질	조지방	회 분
쇠고기 (beef)	loin	57	16.7	25	0.8
	round	69	19.5	11	1.0
	chuck	55	16.2	28	0.8
돼지고기 (pork)	loin	58	16.4	25	0.9
	ham	53	15.2	31	0.8
	shoulder	49	13.5	37	0.7
양고기 (mutton)	loin	65	18.6	16	0.8
	leg	64	18.0	18	0.9
	shoulder	58	15.6	25	0.8
어린 양고기 (lamb)	leg	68	19.1	12	1.0
	shoulder	70	19.4	10	1.0

(3) 식육제품의 종류

식육제품은 인류역사에서 매우 오래 전부터 알려져있는 식품의 하나이며, 새로 개발된 가공식품이 아니라 긴 역사와 전통으로 발전되어온 식품 중의 하나이다. 우리나라에는 식육자원의 부족으로 생육의 소비형태가 많이 남아 있고 가공육제품의 생산 및 소비가 매우 저조하였으나 최근 소득수준의 향상으로 식육 가공제품의 생산이 증가하고 있으며, 품질도 점차 고급화되고 있다.

육제품은 사용원료의 선택, 제조방법의 차이에 따라 그 종류가 아주 많고, 또한 소시지는 나라에 따라 그 역사가 다르고 독특한 유통경로가 있다. 육제품 중에서도 햄과 베이컨은 제법이 비교적 획일적이므로 종류에 따른 차이가 적지만 소시지는 사용원료나 제법이 다양하므로 그 종류도 많고 차이도 많다.

가. 햄(ham)

햄은 돼지 뒷다리 부위의 고기를 원료로 소금, 향신료, 질산염, 설탕 등으로 염지하고, 연기를 쏘여 훈연한 것을 말한다. 사용원료가 한정되고 제법의 변화가 적은 편이다. 그 종류로는 레귤러 햄(regular ham), 본레스 햄(boneless ham), 로인 햄(loin ham), 락스 햄(lachs ham) 등이 있다.

나. 베이컨(bacon)

베이컨 부위(삼겹살)고기를 원료로 하여 염지하고 훈연한 것이 일반적이며, 그 종류로는 카나다식 베이컨(Canadian bacon), 덴마크식 베이컨(Danish bacon), 보일드 베이컨(boiled bacon), 로울러 베이컨(rolled bacon) 등이 있다.

다. 소시지(sausage)

소시지는 원래 햄과 베이컨을 제조하고 남은 부위를 먹기 편리하고 저장이 용이하도록 분쇄한 후 염지하여 내장에 채운 것을 훈연하여 만든 것이며, 내장의 종류, 원료육의 종류, 훈연방법 등에 따라 그 모양과 맛이 매우 다양하다. 우리나라의 경우 식육자원이 매우 부족했기 때문에 저장을 목적으로 햄이나 소시지를 제조할 수 없었으며, 식육의 이용형태가 대부분 생고기를 직접 삶거나 구워서 먹는 형편이었다. 그러므로 우리나라의 순대는 고기 대신에 혈액이나 기타 곡물을 채워서 만든 독특한 형태이며, 우리나라에서만 볼 수 있는 한국식 소시지의 한 형태라 볼 수 있다.

소시지는 여러 가지 방법으로 분류하나 일반적으로 다음과 같이 나눈다.

① 더메스틱 소시지(domestic sausage)

- 신선소시지(fresh sausage)
- 훈연소시지(smoked sausage)
- 가열소시지(cooked sausage)

② 건조 소시지(dry sausage)

- 비훈연 건조소시지(non-smoked dry sausage)
- 훈연 건조소시지(smoked dry sausage)
- 반 건조소시지(semi-dry sausage)

제 7 장 동물의 영양

동물이 건강을 유지하고 생산능력을 발휘하는 데 필요한 각종 영양소를 먹이를 통해 섭취하고 이용하는 과정을 영양(nutrition)이라 하며, 사료급여를 통하여 동물이 필요로 하는 영양소를 공급하는 사람의 행위를 사양(feeding)이라고 한다. 동물을 합리적으로 먹여 기르려면 우선 먹이를 통하여 섭취된 영양소가 동물 체내에서 변화되고 작용하는 과정, 즉 영양생리를 이해해야 한다.

동물은 순치된 이후 그 유전적 기능이 끊임없이 향상되어 왔는 바, 그에 따라 체질이 약해지고 영양소의 요구에 있어서도 더욱 예민해지고 있다. 뿐만 아니라, 경제적 관점에서 보더라도, 비록 경영규모나 형태에 따라 다소 차이는 있지만 목장의 경영비 중에서 사료비가 차지하는 비중이 50~80%에 달한다는 사실은 가축의 생산성을 높이는 데 무엇보다도 사양기술의 수준이 매우 중요함을 의미한다.

따라서 동물이 건강을 유지하고 고유의 생산능력을 발휘하도록 하려면 필요로 하는 영양소의 양에 과부족이 없도록 먹이 공급을 정밀하게 하여야 한다. 그래야만이 경영의 합리화를 달성할 수 있으며, 나아가 영양소 배설량을 줄여 환경에 미치는 부담을 최소화하는데 기여할 수가 있다.

1. 영양소의 역할과 이용

영양(nutrition)의 개념을 더 세부적으로 표현하면, 생물체가 생명활동 및 생산활동을 해 나가기 위하여 외부로부터 물질은 섭취 이용하고 노폐물을 체외로 배설하기까지의 일련의 과정이라 할 수 있는 바, 이때 영양을 위하여 체외로부터 섭취하는 물질을 영양분, 또는 영양소(nutrient)라고 한다.

영양소는 흔히 그 화학적 구조와 체내에서의 생리작용에 미치는 효과에 따라 크게 탄수화물(carbohydrates) · 지방(lipids) · 단백질(proteins) · 광물질(minerals) 및 비타민(vitamins) 등 다섯 가지로 나누며, 모든 식품이나 사료는 이들 5대 영양소의 함량에 따라 구분할 수 있다(그림 7-1).

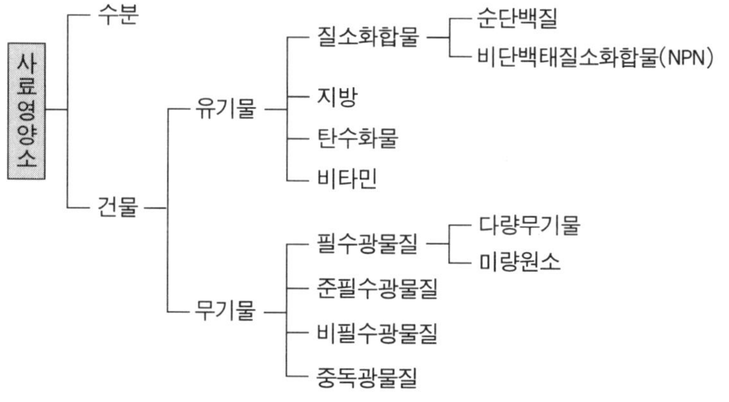

[그림 7-1] 사료 중의 영양소 구성

다음에는 각 영양소별로 그 종류와 체내에서의 작용을 알아보기로 한다.

1) 탄수화물

탄수화물은 식물체의 주성분으로 당류 · 전분 · 섬유소 · 헤미셀룰로즈 및 이들과의 결합물질을 총칭한다. 동물체 내에서 탄수화물은 에너지의 주급원이 되며, 저장은 지방으로 변하지 않고서는 불가능하여 동물체 내의 탄수화물은 글리코겐(glycogen)의 형태로 0.7% 내외밖에 존재하지 않는다.

탄수화물의 원소 구성은 탄소(C) · 수소(H) · 산소(O)의 세 가지로 구성되어 있으나, 수소와 산소의 비율이 물(H_2O)과 같이 2 : 1로 되어 있는 것이 특징인데, 탄수화물의 대표적인 것으로 전분(starch)의 원소구성을 보면, C 44%, H 6%, O 55%로 되어 있다.

식물은 잎에 있는 엽록소의 작용으로 일광에너지를 이용하여 탄수화물을 합성하는 광합성(photosynthesis)을 하지만, 동물은 그러한 능력이 없으므로 필요한 탄수화물은 주로 식물성 먹이의 섭취를 통하여 공급받게 된다.

탄수화물은 종류가 대단히 많으나 화학적 구조상 다음과 같이 분류할 수가 있다.

(1) 단당류(Monosaccharides)

① 5탄당(Pentose) : 아라비노오즈(arabinose) · 자일로오즈(xylose) · 리보오즈(ribose)
② 6탄당(Hexose) : 포도당(glucose) · 과당(fructose) · 갈락토오즈(galactose) · 만노오즈(mannose)

(2) 이당류(Disaccharides)

자당(sucrose) · 맥아당(maltose) · 유당(lactose)

(3) 삼당류(Trisaccharides)

라피노오즈(raffinose)

(4) 다당류(Polysaccharides)

① 펜토산(Pentosan) : 아라반(araban) · 자일란(xylan)
② 헥소산(Hexosan) : 전분(starch) · 셀룰로오즈(cellulose) · 글리코겐(glycogen) · 이눌린(inulin)

섭취된 탄수화물이 체내에서 이용되는 과정을 간단히 도식화하면 그림 7-2와 같다.

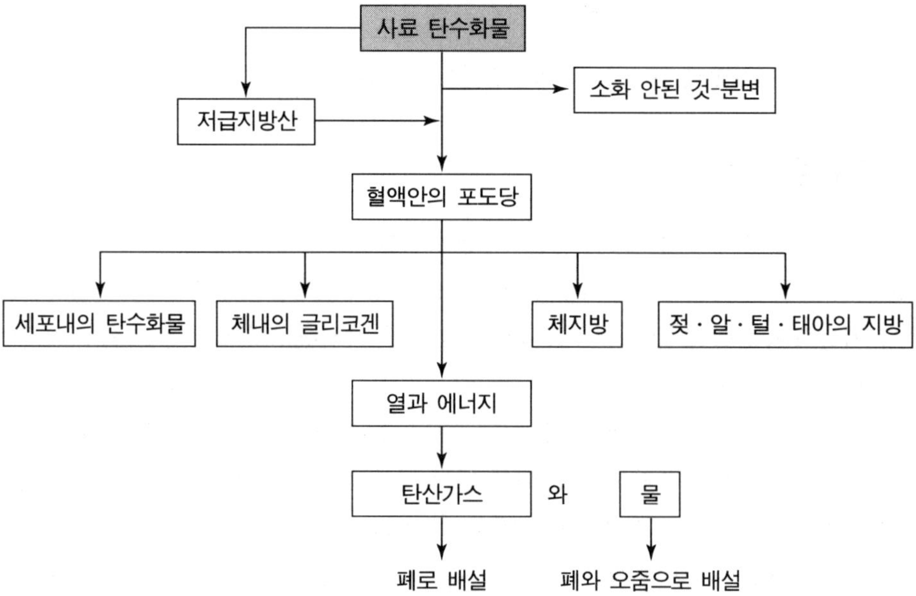

[그림 7-2] 동물체 내 탄수화물 이용경로

2) 지 방

지방은 동물체를 구성하는 주요한 성분의 하나로써, 탄수화물과 마찬가지로 C · H · O의 세 가지 원소로 이루어져 있는데, 이 중 C 및 H가 많고 O는 비교적 적게 들어 있기 때문에 연소되면 많은 열을 발생하며, 그 열량은 보통 탄수화물과 단백질의 2.25배에 해당한다.

지방은 피하(皮下)나 내장에 저장되어 추위나 물리적 충격으로부터 몸을 보호하고 지용성비타민의 운반과 저장도 하며, 분해하여 체온을 발생 유지하는 역할을 할뿐만 아니라, 카로틴(carotene)이나 칼슘의 흡수를 좋게 한다.

지방은 흔히 단순지방(simple lipids) · 복합지방(compound lipids) 및 유도지방(derived lipids)의 세 가지로 구분되는데 각각을 분류해 보면 다음과 같다.

(1) 단순지방(Simple lipid)

① 지방(fat) : 지방산과 글리세롤(glycerol)의 결합물
② 납(蠟, wax) : 지방산과 알코올(alcohol)의 결합물

(2) 복합지방(Compound lipid)

① 인지질(燐脂質, phospholipid) : 인산과 질소를 가지고 있다. 레시틴(lecithin) · 세팔린(cephalin) · 스핑고마이엘린(sphingomyelin) 등
② 당지방(glycolipid) : 탄수화물과 질소를 가진 지방. 세레브로시드(cerebroside).

(3) 유도지방(Derived lipid)

① 지방산(fatty acid)
② 스테롤(sterol)

(4) 기 타

① 테르펜족(terpenes)
② 스테로이드(steroid)

한편, 사료를 통하여 섭취된 지방이 소화 흡수되어 이용되는 과정을 간단히 도식화하면 그림 7-3과 같다.

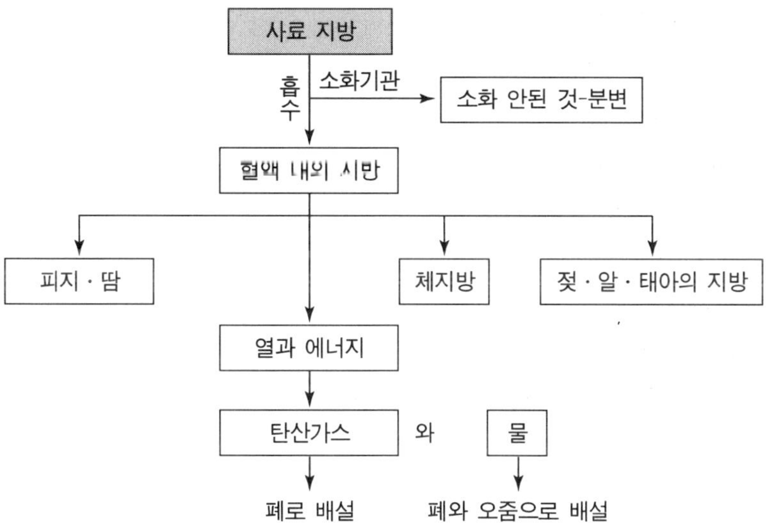

[그림 7-3] 동물체 내 지방 이용경로

3) 단백질

단백질은 동물체의 세포를 구성하는 주성분으로 근육 · 피부 · 내장 · 신경 · 혈구 · 털(毛) · 뿔(角) · 발굽(蹄) 등을 만들고, 우유, 계란 및 태아를 만드는 데도 없어서는 안 되는 영양소이다.

동물은 체내에서 단백질 이외의 다른 영양소로부터는 단백질을 만들 수 없으므로 동물이 필요로 하는 단백질은 단백질을 함유한 사료를 섭취함으로써만 충족되는 특징을 가지고 있다. 뿐만 아니라 단백질은 값이 가장 비싼 영양소의 하나이며, 체내에 에너지가 부족할 때에는 분해하여 에너지를 발생하는 작용을 하므로 영양소 중에서 가장 중요한 것이라 하지 않을 수 없다.

단백질의 원소구성을 보면, 탄수화물이나 지방과는 달리 여러 가지로 구성됨을 알 수 있는데, 단백질 종류에 따라 차이는 있으나 평균조성은 N 16%, C 50%, H 7%, O 25%, S 및 P가 2%로 되어 있다. 단백질에는 종류가 많고, 또 그 성질도 일정하지 않으나, 일반적으로 공통되는 점은 산이나 알칼리, 또는 분해효소의 작용에 의하여 간단한 구조의 30여종의 아미노산(amino acid)으로 분해된다는 사실이다. 그리하여 단백질의 성질과 영양적 가치는 그 단백질이 어떠한 아미노산을 얼마만큼 가지고 있느냐에 따라 결정된다.

단백질은 그 생리적 특성에 의하여 단순단백질(simple protein) · 복합단백질(conjugated protein) 및 유도단백질(derived protein)의 세 가지로 나누어진다.

(1) 단순단백질

아미노산과 그 유도체만을 함유한 단백질을 말한다.

(2) 복합단백질

단순단백질과 비단백물질이 결합된 단백질이다. 이 비단백물질을 보결원자단(prosthetic group)이라 하며, 그 종류에 따라 다음과 같이 분류할 수 있다.

① 핵단백질(nucleoprotein)
② 인단백질(phosphoprotein)
③ 당단백질(glycoprotein, mucoprotein)
④ 색소단백질(chromoprotein)
⑤ 지방단백질(lipoprotein)
⑥ 금속단백질(metaloprotein)

이들은 특수한 기능을 가진 단백질로서, 물론 사료단백질로도 이용된다.

(3) 유도단백질

단백질이 이화학적, 또는 효소작용 등에 의하여 변화를 받은 결과 생기는 것으로 변화의 정도에 따라 다음과 같이 크게 분류한다.

① 제1차 유도단백질(primary protein derivative) : 변화의 정도가 비교적 가볍고 원래 단백질과는 성질이 다르나, 대부분의 골격적 구조는 그대로 남아 있는 상태의 단백질을 말한다. 젤라틴(gelatin) · 응고단백질(coagulated protein) 등이 이에 속한다.

② 제2차 유도단백질(secondary protein derivative) : 단백질의 분해가 다시 진행 된 것으로 프로테오스(proteose) · 펩톤(peptone) · 펩타이드(peptide) 등이 이에 해당된다.

단백질의 기본 구성단위는 아미노산이다. 생물계에 존재하는 아미노산은 여러 종류가 있으나 실제로 단백질 영양과 관계가 되는 것은 약 25종이다. 이 중에는 동물의 체내에서 다른 영양소나 화합물로부터 합성할 수 있는 것과, 체내에서 합성이 불가능하거나 합성이 빨리 이루어지지 못하여 요구량을 충족시키려면 사료단백질을 통하여 공급해야만 하는 것이 있다. 전자를 비필수아미노산(nonessential amino acids)이라 하고, 후자를 필수아미노산(essential amino acids)이라고 하는데, 필수아미노산은 1948년 Rose가 흰쥐의 완전발육에 필요한 10종을 처음으로 발표하였으며, 라이신 · 트립토판 · 히스티딘 · 페닐알라닌 · 류우신 · 아이소류우신 · 트레

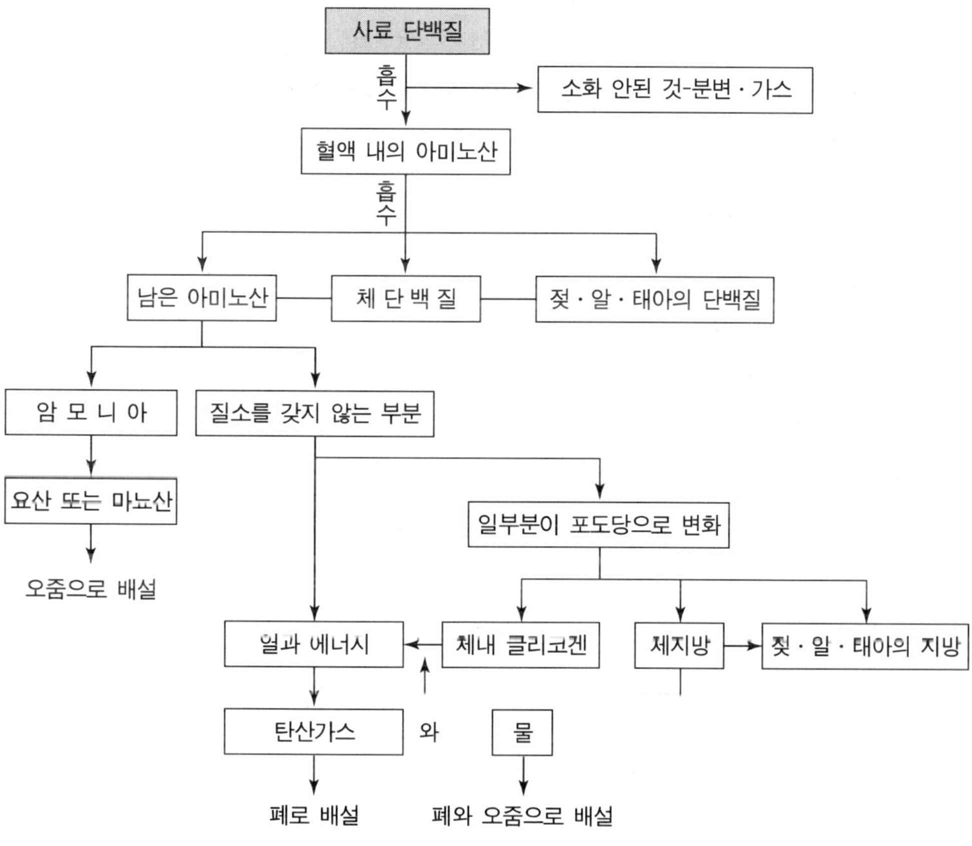

[그림 7-4] 동물체 내 단백질 이용경로

오닌 · 메티오닌 · 발린 · 아르지닌 등이 해당된다.

사료 중에 함유된 질소(N)의 전부가 단백질은 아니다. 사료 중의 질소 함량에 6.25배를 하여 이를 조단백질(crude protein)이라 하는데, 여기에서 순단백질(true protein)을 제외하고 남은 질소화합물을 총칭하여 비단백태질소화합물(non-protein nitrogen compound, NPN)이라 한다. 여기에 속하는 화합물로 유리아미노산(free amino acid)이 가장 많고, 그 밖에 아마이드(amide) · 아민(amine) · 암모늄염(ammonium salt) · 질산염(nitrate) · 알칼로이드(alkaloid) 등이 있는데, 이들은 어린 생초(生草)나 식물의 뿌리에 많이 함유되어 있다. 특히 요소(urea) 등의 비단백태질소화합물(NPN)은 반추동물용 단백질의 대용물로서 이용될 수 있어 가치가 있으나, 단위동물에 있어서는 순단백질의 약 1/2 정도로 인정하여 순단백질에 비단백태질소화합물의 1/2을 합한 것을 '단백질당량(protein equivalent)'이라 부른다. 사료의 단백질이 동물체 내에서 이용되는 경로를 살펴보면 그림 7-4에 제시된 바와 같다.

4) 광물질

광물질은 '무기물(inorganic substances)' 또는 '회분(ash)'이라고 부르는데, 이것은 사료를 연소시켰을 때 휘발하지 않고 재(灰)로 남는 성분을 총칭하는 것이다.

동물체에는 약 20여종의 광물질이 함유되어 있으며 동물체 전체의 약 2~5%를 차지한다. 광물질을 분류하는 방법에는 여러 가지가 있으나 영양적으로는 흔히 아래와 같이 분류한다.

(1) 필수광물질(essential minerals)

① 다량광물질(macro-elements) : 칼슘(Ca) · 인(P) · 마그네슘(Mg) · 나트륨(Na) · 염소(Cl) · 황(S) · 칼륨(K)

② 미량광물질(trace or micro-elements) : 망간(Mn) · 철(Fe) · 구리(Cu) · 요오드(I) · 아연(Zn) · 코발트(Co)

(2) 준필수광물질(subessential minerals)

바륨(Ba) · 브롬(Br) · 불소(F) · 몰리브덴(Mo) · 셀레늄(Se) · 스트론튬(Sr)

(3) 비필수광물질(non-essential minerals)

알루미늄(Al) · 비소(As) · 붕소(B) · 니켈(Ni) · 루비듐(Rb) · 규소(Si)

(4) 중독광물질(toxic minerals)

구리(Cu) · 불소(F) · 몰리브덴(Mo) · 셀렌(Se) · 비소(As) · 납(Pb) · 수은(Hg) · 카드뮴(Cd)

여기에서 '필수광물질'이라 함은, 그 광물질을 뺀 사료를 공급할 때 고유한 결핍증이 발생하고 그것을 공급하면 성장촉진 효과가 있으며, 결핍시 증세의 강도와, 해당 동물의 혈액이나 조직내 함량간에 높은 상관관계가 있는 광물질을 말한다. 한편, 위의 조건을 모두 만족시키지는 못하지만 반드시 공급할 필요가 있는 광물질을 '준필수 광물질'이라 하며, 동물체 내에 함유되어 있으면서도 특별한 기능이 아직 알려지지 않은 광물질을 '비필수 광물질'이라 한다. 또한 '중독 광물질'이란 극히 소량의 공급으로도 중독증을 유발시키는 광물질을 말하는데, 이들 중 Cu · Se · F · Mo · As 등은 안전수준(safety level)으로 공급할 때에는 오히려 성장촉진 등의 효과가 있으며, 흔히 안전수준과 중독수준(toxic level)간에는 차이가 근소하기 때문에 공급할 때에는 주의를 요한다.

광물질은 양적으로는 적다하더라도 이들 중 한 가지라도 결핍되거나 과잉되면 신체기능을 저해하게 되는데 광물질이 동물체 내에서 영위하는 작용들을 열거해 보면 다음과 같다.

① 동물체의 중요한 구성성분으로 쓰인다. 즉 골격 · 치아 및 난각의 주성분은 광물질로서 그 중에서도 Ca과 P이 주로 함유되어 있고, 이밖에 Mg · Mn · F · Na · Cl · K 등도 미량 들어 있다.

② 체내 중요 화합물의 구성성분으로 존재한다. 즉 동물체를 구성하는 단백질 · 지방 · 혈구 또는 체내의 효소 · 조효소 · 호르몬 · 핵산 등 화합물의 구성성분으로 포함되어 있다.

③ 동물체 내의 생리적 조절작용에 관여한다. 즉 산-염기의 평형과 삼투압의 조절(Na · K · Mg · Cl · P · S), 효소의 활성제(Zn · Fe · Mn · Cu · Mo · Mg) 등 생리적으로 중요한 작용들을 조절하는데 관계한다.

④ 이 밖에도 신경의 자극전달 및 근육의 수축작용(Ca · K · Mg), 호흡작용(Fe · I), 영양소의 체내이동(Ca), 소화작용(Cl · S), 혈액응고(Ca), 제독작용(Cu) 등 여러 가지 작용을 수행한다.

광물질은 각기 독자적 영양작용을 가지는 한편, 광물질 상호간 또는 다른 영양소와 밀접한 상호작용을 가지면서 체내에서 흡수되고 대사된다. 그러므로 광물질을 급여할 때에는 이러한 상호관계를 잘 고려하여 균형 있게 공급하는 일이 무엇보다도 중요하다.

5) 비타민

비타민(vitamin)은 그 자체가 탄수화물 · 지방 · 단백질과 같이 직접 에너지 급원이 되거나 세포의 구성요소가 되는 것은 아니지만, 이늘 영양소의 대사과정에서 필요로 하는 소효소(coenzyme)로 작용하거나, 또는 동물의 정상적인 생리기능을 조절 유지하는 필수불가결한 유기화합물이다. 따라서 비타민의 요구량은 미량이지만, 사료를 통하여 반드시 공급할 필요가 있으며 그렇지 않을 때에는 일정한 결핍증상을 나타내거나, 적어도 동물의 생산능력을 감퇴시키는 중요한 영양소이다.

현재 비타민으로 인정되는 것은 약 15종이 있으며, 이들은 비록 같은 비타민에 속하면서도 그 화학적인 특성이나 생리적 기능이 각기 다른 특징을 지니고 있다. 한편, 일부 비타민은 체내에서 합성이 가능하기 때문에 이들 비타민 전부를 사료로서 섭취할 필요는 없다. 예를 들어, 비타민 D는 자외선의 작용에 의하여 동물의 피하에서 합성되며, 비타민 C는 사람 · 원숭이 · 모르모트를 제외한 동물의 소화관 내에서 합성될 수 있다. 그러나 동물은 비타민의 합성능력이나 그 내성이 각기 다르기 때문에, 축종에 따라 사료로서 요구하는 비타민의 종류나 양은 크게 다르다.

비타민의 일반적 기능을 요약해 보면 다음과 같다.

① 시력 · 골격형성 · 번식 등의 고유한 생리현상을 조정한다.

② 피부병 · 빈혈증 · 신경증세 · 근육위축병 등을 방지해 준다.

③ 조효소의 중요 구성성분으로 영양소의 체내 이용 특히 에너지대사에 깊이 관여한다.

④ 항산화제로서 영양소의 산화를 방지한다.

⑤ 동물의 성장률 · 사료효율 · 번식효율 등 생산능력을 향상시킨다.

비타민은 그 용해성에 따라 지용성비타민(fat-soluble vitamin)과 수용성비타민(water-soluble vitamin)의 두 부류로 나누어진다.

지용성비타민에는 비타민 A · D · E · K 등이 속하는데, 이들은 사료의 지방과 함께 섭취되

[표 7-1] 각종 비타민의 주요 결핍증과 공급원

구 분	주요결핍증	공 급 원
비타민 A	야맹증 · 번식장해 · 상피세포 및 점막의 경화	어간유 · 버터 · 난황 · 녹색식물
비타민 D	구루병 · 비정상적인 골격형성	어간유 · 난황 · 건초
비타민 E	번식장해 · 근육위축병	밀배아유 · 곡류 · 배아
비타민 K	혈액응고지연 · 내출혈	녹색식물 · 김 · 토마토 · 콩기름
티아민 (thiamin)	각기병 · 다발성신경염 · 수종 · 식욕감퇴	곡류부산물 · 간 · 난황 · 효모 · 청초
리보플라빈 (riboflavin)	다리마비 · 피부각질화 · 성장감소	우유 · 간 · 효모 · 청초
나이아신 (niacin)	홍반병 · 설사 · 성장부진 · 흑설증	효모발효물 · 낙화생박 · 청초
피리독신 (pyridoxine)	빈혈 · 피부병 · 경련 · 성장부진	효모 · 근육 · 간 · 우유 · 채소
판토텐산 (pantothenic acid)	우모착생불량 · 피부병 · 성장부진 · 돼지의 거위걸음	효모 · 곡류 및 그 부산물 · 땅콩 · 밀기울
바이오틴 (biotin)	피부병 · 탈모 · 성장부진	효모 · 간 · 신장 · 로얄젤리 · 과실
콜린 (choline)	지방간 · 각약증 · 성장부진	자연계의 일반지방
엽산 (folacin)	빈혈 · 성장부진 · 우모착색불량	곡류 · 콩 · 청초 · 동물의 기관
시아노코발아민 (cyanocobal-amine)	악성빈혈 · 각약증 · 성장부진 · 식욕감퇴	간 · 신장 · 고기 · 우유 · 달걀 · 발효부산물
비타민 C	괴혈병	과실 · 채소 · 감자

므로 지방이 결핍된 동물은 지용성비타민의 결핍증을 초래할 수 있다. 지용성인 성질 때문에 상당량이 간에 축적될 수 있으므로 수 주일간의 요구량은 한 번에 투입할 수가 있고, 일반적으로 분을 통하여 배설되며, 과다 급여 시 특히 비타민 A와 D는 비타민 중독증이 유발된다.

수용성비타민으로는 비타민 B군과 C가 있으며 이들은 체내축적이 지용성 비타민에 비하여 훨씬 적기 때문에 더 자주 더 많이 공급되어야 하는데, 수용성비타민은 일반적으로 지용성 비타민과는 달리 오줌을 통하여 배설되고, 과잉 급여 시에도 비타민 중독성이 지용성만큼 심하지는 않다.

비타민에 대한 연구는 주로 결핍증을 통하여 이루어졌으며, 각 비타민의 주요 결핍증세와 공급원을 살펴보면 표 7-1과 같다.

6) 수 분

물(水)은 값이 싸고 쉽게 얻을 수 있는 관계로 영양소로 생각하지 않고 있으나, 동물의 일반 생리의 영양작용에 있어서 영양소에 못지않은 중요한 요소이다. 즉 동물은 먹이 섭취가 없을 때 체내 지방의 전부와 단백질의 반이 고갈되더라도 죽지 않지만, 물은 체내 수분의 1/10만 줄게 되더라도 생명을 유지할 수 없게 되므로 잠시도 공급이 중단되어서는 안 된다.

체내에서 물은,

① 각종 영양소를 각 조직에 운반하고,

② 각 조직에서 생긴 노폐물을 배설시키며,

③ 체온을 조절하고,

④ 동물의 체형을 일정하게 유지시키는 역할을 할뿐만 아니라,

⑤ 체내에서 일어나는 각종 생화학적 반응을 가능케 한다든지,

⑥ 관절체액과 뇌척수액을 만들고, 그밖에 귀에서의 소리의 전도나 눈에서의 시력 유지에 필요하다.

물은 동물이 왕성하게 발육할 때, 비유(泌乳)를 할 때, 일을 하고 더울 때, 건조한 가루사료를 섭취할 때 더욱 많은 양을 필요로 하므로, 되도록 자유롭게 섭취하도록 하는 것이 좋다. 따라서 급수장비는 항상 비치되어 있는 게 보통이므로, 생산현장에서 오히려 중요한 것은 수질(水質)이다. 즉 동물체에 도움이 되는 광물질을 골고루 함유하고 유기물이 없으며, 유해성분(예: 중금속)이 오염되지 않은 물이어야 동물용 음수로 적합한 물이다.

2. 섭취 영양소의 체내 변화

동물이 섭취한 사료는 구강에서 시작하여 항문에 이르는 소화관(alimentary tract)을 거치는

동안에 부드럽고 곱게 부서지고 소화효소(digestive enzyme)의 작용을 받아 흡수될 수 있는 상태로 분해된다. 이와 같이 흡수(absorption)를 전제로 하는 식물(食物)의 분해과정을 소화(消化; digestion)라고 한다.

1) 소화기관의 구조

소화기관(digestive organs)은 구강 · 식도 · 위 · 소장 · 대장 및 항문의 여러 부분으로 구성되는 관상기관(digestive tract)과, 간(liver) · 담낭(gall bladder) 및 췌장(pancreas) 등으로 구성되는 부속기관을 총칭하는 것으로, 소화기관의 모양과 크기는 동물의 종류에 따라 다르다(표 7-2).

소 · 면양 · 산양 등과 같은 반추동물(反芻動物; ruminant)은 다른 동물과는 달리 위가 4부분, 즉 제1위(rumen) · 제2위(reticulum) · 제3위(omasum) 및 제4위(abomasum)로 구분되어 있으며, 제1위와 제2위를 합하여 반추위(reticulo-rumen)이라고 부르는데, 제1위는 용적이 매우 크고, 내부에 미생물이 살고 있어 섬유질의 소화가 가능하며 되새김(반추) 등 반추동물 특유의 소화행위를 한다.

[표 7-2] 동물 종에 따른 소화관의 부위별 용적 비교

부 위	소		면 양		말		돼 지		사 람	
	l	%	*l*	%	*l*	%	*l*	%	*l*	%
위 장										
제 1위	202	53	23	53						
제 2위	8	2	2	5						
제 3위	19	5	1	2						
제 4위	23	6	3	7	18	9	8	30	1	17
계	252	66	29	68	18	9	8	30	1	17
소 장	66	20	9	20	64	30	9	33	4	66
맹 장	10	2	1	2	33	16	1	4	–	–
대 장	28	11	5	10	96	45	9	33	1	17
소 장	356	100	44	100	211	100	27	100	6	100

말 · 토끼 · 기니픽과 같은 비반추초식동물은 맹장(caecum)을 포함한 대장이 발달되어 있어 미생물서식 등 반추동물의 제1위와 유사한 기능을 하고 있다.

사람 · 원숭이 · 개 · 돼지 등과 같이 위가 하나인 동물을 단위동물(單胃動物, monogastric animal)이라고 하며 이 경우에는 위와 소장이 소화기의 중심부분이며 맹장은 거의 없고 대장에는 약간의 미생물이 서식 활동한다.

닭을 비롯한 조류(鳥類)는 구강 내에 치아가 없어 먹이를 씹을 수 없기 때문에 위의 구조가 특수하다. 즉 위가 세 부분으로 되어 있는데, 맨 앞에 있는 것이 소낭(crops)이라고 하는 것으

로 사료를 침과 물에 담가 붇게 하는 부위이고, 다음이 전위(proventriculus)로서 소화액을 분비하여 식물(食物)과 섞어 주며, 여기에 바로 연결되어 있는 근위(gizzard)는 두껍고 수축력이 강한 근육으로, 모래 등과 함께 식괴를 분쇄한 다음 십이지장으로 내보내는 역할을 한다.

소장(small intestine)은 위의 유문에 연결되어 있는 소화관으로 십이지장(duodenum) · 공장(jejunum) 및 회장(ileum)의 세 부분으로 나뉜다. 소장 전체의 길이는 소와 면양이 몸길이(體長)의 약 16배, 말은 9배, 돼지 11배, 토끼는 6배나 된다. 십이지장 가까이에는 간(liver)과 췌장(pancreas)이 위치하여 담즙(bile juice)과 췌액(pancreactc juice)을 분비하는데, 십이지장의 수출관을 통해 분비되어 그 곳을 지나는 식물과 섞이게 되어 있다.

대장(large intestine)은 소장에 비해 직경이 큰 소화관으로서 맹장(caecum) · 결장(colon) 및 직장(rectum)으로 되어 있다. 언급한 바와 같이 말이나 토끼는 특히 커다란 맹장을 가지고 있어, 여기에서 미생물에 의한 발효작용이 일어난다. 닭도 맹장이 발달하여 두 갈래로 갈라져 있고 직장은 총배설강(cloaca)으로 열려있다.

2) 소화와 흡수

소화작용은 크게 나누어, 섭취한 사료를 부수어 보다 작은 입자로 만드는 기계적 소화(mechanical digestion)와 소화효소의 분해작용에 의한 화학적 소화(chemical digestion), 타액과 소화액의 분비를 비롯하여 각종 호르몬의 작용에 의한 분비적 소화(secretory digestion)의 세 가지로 구분할 수 있다.

기계적인 소화에 속하는 대표적인 작용으로는 구강에서의 치아에 의한 저작(mastication), 혀(舌) 및 인두의 운동에 의한 연하(deglutition)를 비롯하여, 식도 및 장관의 연동(peristalsis)에 의한 식물(食物)의 운반, 그리고 장관의 분절수축운동(segmental contraction)에 의한 식물과 소화액의 혼합 등을 생각할 수 있다.

효소의 작용에 의한 화학적 소화로 섭취된 영양소는 더욱 작은 분자 또는 입자로 분쇄되는데, 이에 참여하는 소화효소들을 작용기질 및 최종분해산물에 따라 분류해 보면 다음과 같다.

(1) 탄수화물분해효소

탄수화물을 분해하는 효소들이 여기에 속하며, 최종분해산물은 단당류이다.

① 타액 아밀라제, ② 췌액 아밀라제, ③ 말타제, ④ 슈크라제(당전화효소), ⑤ 락타제

(2) 지방분해효소

지방을 분해하는 다음의 효소가 여기에 속하며, 최종분해산물은 모노 또는 디글리세라이드, 지방산, 글리세린, 유화(乳化)된 트리글리세라이드 등이다.

① 위액 리파제, ② 췌액 리파제, ③ 장액 리파제

(3) 단백질분해효소

다음과 같은 단백질 소화효소가 여기에 속하며, 최종분해산물은 아미노산이다.

① 펩신, ② 레닌, ③ 트립신, ④ 카이모트립신, ⑤ 카르벅시펩티다제, ⑥ 아미노펩티다제 ⑦ 트리 또는 디펩티다제

(4) 핵산분해효소

핵산을 소화하는 효소명과 최종분해산물을 들면 다음과 같다.

① 리보핵산(RNA) 분해효소, ② 디옥시리보핵산(DNA) 분해효소, ③ 뉴클레오티다제

분비적 소화에는, 구강 주위의 타액선으로부터 분비되는 침을 비롯하여, 위 내의 염산(HCl) 분비, 장액 · 췌액 · 담즙 등을 비롯한 각종 소화액(digestive juice)의 분비가 관여한다. 뿐만 아니라, 이러한 소화액의 방출과 각종 기계적 소화작용의 배경에는 신경작용과 결부된 호르몬의 분비가 매우 중요한 역할을 담당하는데, 예를 들면 위액 분비를 자극하는 가스트린(gastrin) 그리고 췌액의 분비에 관여하는 세크레틴(secretin) 등이 그러하다.

소화된 영양소들은 해당 흡수부위에서 흡수(absorption)되는데, 가장 흡수가 왕성한 곳은 소장이고, 그 다음이 대장 · 위의 순서이며, 구강이나 식도에서는 흡수가 일어나지 않는다.

소장의 점막에는 무수한 융모(villus)가 분포하여 흡수면을 크게 하고 있는데, 융모 내에는 모세혈관과 유미관(乳糜管)이 있으며, 융모 내로 흡수된 영양소는 모세혈관을 통하여 혈류에 섞이거나, 유미관을 통하여 림프(lymph) 계통으로 들어간다. 영양분의 흡수량은 장관의 표면적에 비례하여 커지는데, 소가 가장 넓어서 약 17m^{2}이고, 말 12m^2, 돼지가 2.8m^{2}이다.

물과 수용액은 대장에서 가장 많이 흡수되고, 소장과 반추위 등에서도 이루어진다. 위에서는 알코올(alcohol)이나 특정 무기물이 흡수되고, 반추위에서는 각종 저급지방산(VFA)과 알코올이 흡수된다. 단백질은 아미노산으로 분해되어 소장벽을 통해 흡수되며, 지방은 지방산과 글리세린(glycerine)으로 분해되어 소장에서 흡수되는데, 이때 흡수된 지방산과 글리세린은 융모의 상피세포에서 다시 결합하여 중성지방(neutral fat)으로 된 다음, 유미관을 통하여 림프계통으로 들어간다.

탄수화물은 소장 내에서 포도당(glucose), 과당(fructose) 등으로 분해되어 주로 소장부위에서 흡수되고 일부는 대장으로 내려가 저급지방산으로 분해되어 대장에서 흡수된다. 섬유소(cellulose)나 헤미셀루로즈(hemicellulose) 등은 반추동물에 있어서는 반추위에서, 단위동물에서는 대장에 서식하는 미생물의 작용에 의하여 포도당 또는 저급지방산으로까지 분해되어 반추위 · 소장 · 대장에서 흡수된다.

무기염류는 소장에서 흡수되며, 비타민도 주로 소장에서 흡수되는데, 소장에서 흡수되지 않

은 것과 대장의 미생물에 의해 합성된 비타민들은 대장에서 흡수된다.

전술한 바와 같이, 소화과정을 통해 유리된 영양소는 반추위, 소장, 대장 등을 통하여 혈액 또는 림프액 내로 흡수되어 이행된다. 영양소의 흡수규모는 소장이 가장 큰데, 반추동물의 경우에는 반추위 벽을 통하여 일차로 상당량의 영양소가 흡수되고 나머지가 소장에서 주로 흡수된다. 영양소의 흡수장소와 흡수되는 형태를 정리하면 다음과 같다.

- 탄수화물 :
  - 단위동물 → 포도당, 과당 등 단당류 형태(소장)
  - 반추동물 → 저급지방산 형태(제1위/대장)와 단당류 형태(소장)
- 지 방 : 지방산, 글리세린 형태(소장)
- 단백질 : 아미노산 형태(소장)
- 광물질 및 비타민 : (소장 및 대장)
- 물 : (대장)

3) 영양소의 대사

흡수된 영양소들은 일차적으로 간으로 이동하여 일차 많은 변화를 겪게 되며, 이어서 체내 기관이나 조직을 구성하는 수많은 세포 내에서 변화를 겪게 되는 바, 흡수된 영양소가 생체의 세포작용에 의해 겪는 물리적 현상과 화학적 반응의 총칭을 대사(metabolism)라고 한다. 즉 대사란 영양소에 대한 세포작용의 결과로 일어나는 물리적 화학적 현상의 총합이며, 동물체는 궁극적으로 이러한 여러 현상에 의하여 개체의 생명유지에 필수적인 세포의 구조와 조성이 일정하게 유지되는 것이다. 영양소의 대사에는 필요한 체성분을 합성하는 방향으로 진행되는 동화(anabolism)와, 에너지를 생산하고 필요치 않은 물질을 분해해 내보내는 방향으로 진행되는 이화(catabolism)로 구분되며, 체내에서 일어나는 이 모든 물질변화는 생화학(biochemistry)에서 다루는 수많은 반응과 생리학에서 다루는 각종 체성분의 변화로 표현될 수 있다.

4) 영양소의 배설

체내에서 영양소의 소화와 대사과정에서 몸에 축적되거나 생산물의 합성에 이용되지 않은 성분들은 모두 체외로 배출되는데, 이를 배설이라고 한다. 즉 소화관 내에서 소화가 안된 것, 소화는 되었더라도 흡수되지 않은 것, 작용을 하고 남은 소화액과 미생물의 일부, 그리고 소화관에서 분리되어 나온 죽은 조직 등은 똥(糞)으로 항문을 통해 배설된다. 한편, 소화되어 흡수가 된 영양소도 체내 대사과정을 거치면서 생긴 부산물이나 이용되고 남은 노폐물 등이 콩팥(신장)과 방광을 거쳐 오줌으로 배출된다.

반추동물의 제1위와 단위동물의 대장 안에서는 미생물이 서식하고 있어 먹이 중의 섬유질이나 단백질 등을 발효를 통하여 분해시키면서 각종 발효가스가 다량 생성되는데, 이들은 트림을 통하여 또는 항문으로 배출되며 그 양은 섭취하는 사료의 종류나 생리적 조건에 따라 달라진다. 반추동물에 있어서는 메탄가스로 분해 배출됨으로써 손실되는 양이 상당한데, 흔히 섭취된 사료성분량의 약 10~20%에 달하는 것으로 알려져 있다.

가축에서 배설의 주 형태와 경로는 크게 3가지, 즉 분변(고형물), 뇨(액체), 그리고 트림 및 방귀(기체)를 말하는데, 경로에 따른 배설물의 구성성분을 정리해보면 다음과 같다.

① 분변(항문)을 통해 :
- 소화관 내에서 소화되지 않은 것
- 소화는 되었더라도 흡수되지 않은 것
- 작용을 하고 남은 소화액과 미생물의 일부
- 소화관 표면에서 탈피된 죽은 조직

② 뇨(신장/방광)를 통해 :
- 흡수된 영양소가 체내 대사과정을 거치면서 생긴 부산물 및 노폐물
- 혈액 성분 중 수분, 무기물, 요소, 요산, 마뇨산, 암모니아 등
- 신장의 여과 기능과 재흡수 기능

③ 트림 또는 항문을 통해 : 탄산가스 , 메탄, 암모니아, 유화수소 등

제 8 장 동물의 먹이

1. 가축이 선호하는 사료

가축이 생명을 유지하고 고기, 계란, 우유 같은 축산물을 생산할 수 있는 유기물질 및 무기물질을 사료라고 할 수 있다.

닭은 곡물을 좋아하고 발로 흙을 헤쳐내고 흙 중에 있는 곤충 등의 유충을 열심히 쪼아 먹는다.

돼지는 강한 코로 흙 중에 있는 감자 등의 근채류를 캐내어 흙이 묻어 있어도 상관없이 먹는다. 또 돼지는 감자 덩굴이나 곡물 및 생선 등 수분이 많아 부드러운 사료를 매우 좋아한다. 따라서 인간이 먹고 남긴 것을 돼지가 좋아하는 것이다.

소는 화본과 풀이나 억새 등 섬유질이 많은 경엽 부위를 좋아하고 혀로 맛을 보고 감싸서 입에 집어넣는다. 유연하게 먹는 것처럼 보이나 내키지 않는 것들은 토해 낸다. 이들은 풀 사료로 충분하게 포만감을 느끼게 되면 원충이나 동물성사료는 거의 관심을 보이지 않게 된다.

2. 사료선택의 유의점

현대의 축산에서는 곡류를 중심으로 하는 배합사료로 닭이나 돼지를 사육하고 소에서도 배합사료의 급여비율이 높아지고 있다. 그러나 곡류주체의 배합사료로 만족할 수 있는 것은 닭밖에 없어서 소는 풀을 충분하게 먹지 않으면 소화기질병이나 번식장해 등의 기타 질병에 걸릴 수 있다. 돼지도 배합사료만으로는 원활한 성장이나 번식을 할 수 없으므로 어느 정도는 섬유질 등의 기타 사료를 필요로 한다.

각 가축은 이와 같은 것에 주의해서 사료를 선택하는 것이 건강한 가축을 사육하기 위한 기본이다.

3. 사료의 종류

1) 사료의 분류

(1) 영양가치에 따른 분류

가. 조사료

조사료는 용적이 많고 거친 사료를 총칭한다. 가격은 싸나 가소화 성분이 적게 들어있는 것을 말하는데 여기에 속하는 것은 볏짚, 건초, 사일리지, 청초, 산야초 등이 있다.

나. 농후사료

농후사료는 조사료와 반대로 부피가 적고 조섬유 함량도 비교적 적게 함유된 것으로 단백질이나 탄수화물 그리고 지방의 함량이 비교적 많이 함유된 것을 말하는데, 각종 곡류 및 단백질사료가 이에 속한다.

다. 보충사료 또는 과학사료

보충사료는 소량의 보급으로 필수 영양소의 공급을 충족시킬 수 있는 사료로서 소금, 골분, 항생물질, 비타민 첨가제, 호르몬제 등이 이에 속하며 과학사료라 부르기도 한다.

(2) 주성분에 따른 분류

가. 단백질사료

단백질사료는 단백질이 20% 이상 들어 있는 것으로 대두박과 그 외 유박류 및 동물질사료를 말한다.

나. 전분질사료

전분질사료는 전분이 주성분인 사료를 말하는데 곡류, 감자나 고구마 등이 이에 속한다.

다. 지방질사료

지방질사료는 보통 지방의 함량이 15% 이상 함유된 생쌀겨, 콩, 누에번데기 등을 말한다.

라. 섬유질사료

섬유질사료는 조섬유를 20% 이상 함유한 사료를 지칭하는 것으로서 볏짚, 야건초, 보릿겨 등이 이에 속한다.

마. 무기질사료

무기질사료는 가축에 무기영양소를 공급할 목적으로 급여되는데 골분, 소금, 인산 칼슘제 그리고 무기물혼합제가 많이 쓰인다.

바. 비타민사료

비타민사료는 비타민을 공급할 목적으로 급여하는데 간유분말과 발효탈지유 등이 있다.

사. 항생물질사료

항생물질사료란 불식한 환경에서 가축의 성장이나 생산을 높이기 위하여 사료에 첨가하는 항생물질을 말한다.

아. 아미노산사료

아미노산사료는 곡류 위주의 사료에서 부족되기 쉬운 라이신이나 메티오닌을 보급하기 위하여 사용하는 화학적으로 합성된 것을 말한다.

(3) 급여대상 축종에 따른 분류

가. 낙농사료

낙농사료는 송아지부터 젖짜는 어미소에 이르기까지의 여러 단계의 젖소에 급여키 위해서 생산되는 사료가 이에 속한다.

나. 고깃소사료

고깃소 사료는 비육을 목적으로 사육하는 소에 급여하는 사료를 말한다. 비육전기, 중기 그리고 비육후기 사료로 구분된다.

다. 돼지사료

돼지사료는 비육 및 번식돈을 위한 사료가 생산된다.

라. 양계사료

양계사료는 크게 산란계용 사료와 육계용 사료로 나눌 수 있으며 각각의 비육단계나 산란계의 산란단계에 따라서 여러 가지 사료가 생산된다.

마. 기타 특수가축의 사료

말, 면양, 토끼, 밍크, 메추리, 오리 등의 사료가 생산되며 그밖에 양어사료, 고양이, 개, 실험동물사료 등이 생산된다.

2) 사료가치의 평가법

사료는 대부분이 식물성과 동물성으로 되어 있으며 사료 및 식품의 영양적 가치를 평가하는데 물리적과 화학적 평가법이 가장 널리 사용되고 있으며, 사료를 더욱 과학적으로 평가하기 위해서는 생물학적 평가법이 병행되어야 할 것이다.

(1) 물리적 평가법

일반적으로 사료는 수확 · 저장 · 운반 등이 여러 과정을 거치는 동안 사료가 지니고 있는 고유한 성질이 취급상 부주의로 인해 변화를 일으키기도 한다. 따라서 사료가 고유한 성질을 어느정도 유지하고 있는 가를 판별하는 것이 매우 중요하다.

물리적 평가법에는 오감을 이용해서 사료를 평가하는 경험적 방법이 있는데, 이들 이학적 방법에는 표준체를 이용한 체별법, 용적중 칭량법, 비중 선별법, 확대경과 현미경에 의한 방법 등이 이용된다.

(2) 화학적 평가법

사료의 화학적 분석과 영양소 함량을 알기 위하여 오늘날까지 세계 각국에서 널리 사용되고 있는 방법으로써 조성분 분석이라고 하는 방법이며 일명 Weende 분석법이라고도 불리우며, 이것은 1865년 독일의 Weende 시험장에서 창안된 방법으로 이 방법은 시료의 수분, 조단백질, 조지방, 조섬유, 조회분 및 가용무질소물 등의 6가지 함량을 분석하는 방법이다.

한편, 가용무질소물은 시료를 100으로 하여 여기에서 수분, 조단백질, 조지방, 조섬유 및 조회분 함량(%)를 감해서 구한다.

(3) 생물학적 평가법

가. 사료를 단백질의 가치로 표시하는 방법

A. 가소화 조단백질

사료 중의 단백질은 가소화 조단백질(digestible crude protein, DCP)과 가소화순단백질(digestible true protein, DTP)로 나누어지며, 현재 많이 사용되고 있는 것은 가소화조단백질이다. 가소화조단백질은 사료의 조단백질 함량에 그 단백질의 소화율을 곱한 것으로, 사료 중의 질소량을 정량하여 여기에 6.25배를 곱하면 구할 수 있다.

B. 단백질당량

반추동물의 경우 요소나 기타 비단백태질소화합물(nonprotein nitrogenous compound, NPN)을 효과적으로 이용하는 DTP나, 이용할 수 없는 질소화합물도 있으므로 DCP의 사용은 어려움이 있다. 그러므로 영국에서는 NPN의 가치를 순단백질의 50%로 보고, 이것을 단백질당량(protein eguvalent, PE)이라고 한다.

C. 단백질효율

단백질을 제외한 모든 영양소를 완전하게 함유한 기초사료에 공시단백질을 첨가하여 사육전 기간 동안 섭취한 단백질에 대한 체중 증가의 비율을 단백질효율(protein efficiency tatio, PER)이라고 한다.

$$\text{PER} = \frac{\text{체중의 증체량(g)}}{\text{단백질의 섭취량(g)}}$$

D. 단백질의 생물가

생물가는 단백질을 평가하는 하나의 기준으로서 이용되고 있으며, 이 생물가(biological value, BV)는 섭취한 단백질의 몇 %가 축적되느냐로 표시하는 것이다.

$$\text{BV} = \frac{\text{축적된 질소}}{\text{흡수된 질소}} \times 100$$

E. 질소축적률

흡수된 질소의 얼마가 체내에 축적되어 있는가를 %로 표시한 것을 질소축적률(nitrogen retention, NR)이라고 한다.

$$\text{NR} = \frac{\text{섭취한 질소량} - \text{배설된 질소량}}{\text{섭취한 질소량}} \times 100 = \frac{\text{축적된 질소량}}{\text{섭취한 질소량}} \times 100$$

(4) 기타 방법

기타 사료가치를 평가하는 방법에는 아미노산 조성에 의한 단백질의 영양가 표시법, 소화율에 의한 영양가 표시법과 영양율, 사료효율 및 에너지 · 단백질 비율 등이 있다.

가. 영양률

영양률(nutritive ratio, NR)이란 가소화단백질에 대한 비단백태 가소화영양소총량(가소화지방×2.25, 가소화가용무질소물 및 가소화조섬유)의 비율을 말한다.

$$NR = \frac{\text{가소화탄수화물} + \text{가소화지방} \times 2.25}{\text{가소화단백질}}$$

NR 이 4 이하이면 좁다고 하고, 5~7일 때는 중간, 8 이상일 때는 넓다고 한다.

나. 사료효율

성장중인 가축에 있어서 사료 섭취량의 증체량에 대한 비율을 사료효율(feed efficiency, FE)이라고 한다.

$$FE = \frac{\text{사료 섭취량}}{\text{증체량}}$$

사료효율은 높을수록 좋으며, 이것의 반대를 사료요구율이라고 한다.

다. 에너지 · 단백질 비율

사료 중에 함유되어 있는 대사에너지를 단백질 함량으로 나눈 것을 에너지 · 단백질 비율(energy protein ratio, EPR) 또는 칼로리 단백비(calrorie protein ratio, CPR)라고 하는데, 가금의 사료에서 사료의 가치 평가방법으로 이용되고 있다.

$$EPR = \frac{\text{사료 1kg중 대사에너지(kcal)}}{\text{조단백질(\%)}}$$

3) 농후사료

농후사료는 사료의 영양분이 농축된 사료인데 부피에 비하여 조섬유 함량이 적고 가축이 실제로 소화시킬 수 있는 성분이 많은 사료를 뜻한다. 농후사료는 가축에 에너지를 공급하기 위해서 급여하는 것으로 곡 · 맥류 사료와 근괴 사료가 있고, 이에 반하여 단백질을 공급하기 위하여 급여하는 것으로 콩깨묵과 같은 식물성 단백질사료와 동물성 단백질사료인 어분 등이 있다.

(1) 곡류사료

곡류사료는 가축뿐만 아니라 식량으로 이용될 수 있는 것으로 주요 영양원은 에너지의 공급에 있다. 탄수화물이 주성분이며 이들의 사료로서 특징은 다음과 같다.

즉 가용성 탄수화물인 전분의 함량이 높고 섬유소의 함량이 낮아 여타의 사료에 비하여 가소화영양소총량(total digestible nutrient, TDN)의 함량이 높고 가축의 기호성도 비교적 좋아 배합사료 중 가장 많이 혼합되는 사료이다. 그러나 단백질의 함량은 9~15% 정도이므로 이에 대한 보충급여가 필요하다.

일반적인 특징을 들면 다음과 같다.

① 에너지의 함량이 높고 조섬유의 함량이 낮다.
② 단백질의 함량이 낮고 그 질이 좋지 못하다.
③ 영양소의 소화율이 높고 기호성이 좋다.
④ 비타민 A 및 D의 함량이 낮다
⑤ 티아민과 비타민 E는 풍부하나 비타민 B, B_1 및 나이아신의 함량은 낮다.
⑥ 칼슘과 유효인의 함량이 낮다.

가. 옥수수

곡류사료 중 가장 많이 배합되는 원료사료이며 우리나라는 사료용 옥수수의 대부분은 수입에 의존하고 있다. 옥수수는 가용무질소물의 함량이 높고 지방의 함량도 비교적 높으며, 조섬유의 함량도 낮기 때문에 TDN, DE, ME, NE 등으로 표시되는 에너지도 높으며 모든 가축에 대하여 기호성도 좋다.

그러나 단백질은 다른 곡류에 비하여 낮을 뿐 아니라 아미노산 조성에 있어서도 라이신과 트립토판이 부족하고 Ca와 P의 함량도 다른 곡류보다 낮은 것으로 되어 있다. 특히 황색옥수수는 프로비타민 A의 모체인 카로틴을 함유하고 있어서 비타민 A의 효과도 높은데, 옥수수 색소에는 이것 이외에도 크산토필도 있으나 이것은 비타민 A의 전구물질은 아니며 단지 가축생산물의 착색효과만 갖는다.

나. 수 수

수수는 우리나라에서 생산량이 극히 적어 사료용은 수입에 의존하고 있다, 수수는 영양소 함량이 옥수수와 비슷하여 가용무질소물 함량이 약 70%인데 그 대부분이 전분이며 섬유소 함량이 적어 TDN가가 옥수수만큼 높으나 지방과 비타민 A의 공급능력이 적고 Ca와 비타민 D 함량도 매우 낮다.

한편, 옥수수와 비슷한 정도의 비타민 B 복합체를 함유하고 있지만 수수의 가장 큰 결점은 탄닌이 높은 것인데 이것은 수수의 기호성을 떨어뜨리는 원인물질이다.

다. 밀

밀은 대부분 제분이 되어 식용으로 쓰이고 식용으로 부적합한 것 또는 사료용으로 육종 개량된 것이 사료로 쓰이며, 약 20%가 제분 부산물인 밀기울로 생산되어 사료로 쓰인다. 밀도 역시 그 주성분은 전분질이며 가축의 에너지원으로 이용되고 있는데 이것은 소화도 잘되고 TDN의 함량도 높으며, 옥수수나 보리보다 단백질의 함량이 높고 그 품질도 우수하다.

에너지 함량은 옥수수보다 약간 낮고 보리보다는 훨씬 높다. 비타민 A와 D 및 리보플라빈의 함량은 극히 낮으나 티아민의 함량은 풍부하며 콜린과 나이아신의 함량은 옥수수보다 높다.

라. 보 리

보리는 세계적으로 널리 재배되며 우리나라에서는 주로 식용으로 생산되고 있으나 구미에서는 주요한 곡류사료로 사용되고 있다. 보리도 역시 가축의 에너지사료로 쓰이고 있는데 옥수수에 비하여 단백질의 함량이 약간 높으며 단백질의 아미노산 조성도 옥수수보다 우수한 편이나 옥수수의 약 90~95%의 사료적 가치가 있다.

마. 쌀

쌀은 세계적으로 재배되며 동양인의 주식으로 이용되고 세계인구의 50%가 쌀을 먹고 있다. 우리나라에서 쌀이 가축의 사료로 쓰이는 일은 거의 없고 다만 소량의 등외품과 싸레기 등이 사료로 이용되고 있을 뿐이다. 벼에서 왕겨부분만이 제거된 현미와 여기에서 다시 겨층을 제거한 백미는 에너지가가 가장 높은 곡류사료라 할 수 있을 것이다.

쌀의 단백질 함량은 옥수수보다 낮으며 카로틴도 거의 함유하지 않고 있다. 쌀 단백질의 제한아미노산은 라이신과 트레오닌이며 조섬유와 지방의 함량은 매우 낮다. 한편, 가용무질소물의 함량은 80%이고 TDN은 75~85%가 된다.

바. 그 밖의 곡류사료

A. 호 밀

밀보다 그 영양가치가 떨어지며 기타 다른 곡류에 비하여 기호성이 떨어지고 호밀 단독으로 또는 많이 먹이면 소화장애가 일어난다.

B. 귀 리

귀리는 구미에서는 생산량도 많으나 우리나라에서는 강원도 일부지역에서만 재배할 따름이다. 단백질의 함량이 12% 정도이고 겨층이 두터워 조섬유 함량이 10% 이상이며 TDN은 70% 정도이다.

C. 조

조는 생산량도 적고 주로 식용으로 쓰이며 일부 애완동물의 사료로 이용될 정도이다. 조섬유의 함량이 높고 TDN도 낮은 편이며, 단백질에 있어서는 라이신의 함량이 낮으나 트립토판의 함량은 높아서 나이아신의 결핍증을 치료하는 데 효과가 있다고 한다.

D. 메 밀

메밀의 껍질은 두꺼운 과피로서 알곡중량의 18~20%나 되나 사료가치는 거의 없다. 단백질의 함량은 귀리보다 낮고 지방의 함량은 귀리의 절반정도이나 TDN은 비슷하다.

메밀의 질소화합물은 대부분이 글루텐으로서 소화가 잘 되며 다른 곡류단백질과는 달리 별도의 아미노산 첨가 없이도 가축사육이 가능하여 양질의 동물성 단백질과 대등한 사료적 가치를 갖는다.

(2) 강피류사료

강피류는 곡류를 도정하거나 제분할 때 생산되는 농산가공부산물로서 곡류에 비하여 단백질, 조섬유, 비타민 B군의 함량이 많으나 전분의 함량은 적으며 특히 광물질중 P의 함량이 많은 것이 특징이고 부피가 크기 때문에 가축의 변비방지용 및 영양소 희석제로 쓸 수 있다.

강피류의 일반적인 영양특성을 살펴보면 다음과 같다.

① 조섬유의 함량이 높고 가용무질소물의 함량이 낮아 에너지는 곡류보다 낮으나 전분박, 등외 밀가루, 정강, 옥수수겨는 거의 곡류와 맞먹는 영양소 함량을 보인다.
② 조단백질 및 인의 함량은 곡류보다 약간 높다.
③ 리보플라빈, 티아민, 나이아신 등 비타민 B군의 함량은 비교적 풍부하다.
④ 부피가 있어서 영양소의 희석제로 쓸 수 있다.
⑤ 제한아미노산은 라이신, 메티오닌 그리고 트립토판이다.

가. 밀기울과 기타 제분부산물

밀을 빻아서 밀가루를 생산할 때 원료밀의 25~28%에 해당하는 제분부산물이 생기는데 밀기울은 밀의 과피, 종피, 외배유, 호분층 및 배아 등이 포함되며 밀기울의 영양소 함량은 조단백실 16%, 소지방 5%, 조섬유 10% 정도이며 인은 그 함량이 많아서 13%이다. 그러나 밀기울 속의 인은 피틴태로서 가금의 경우 그 소화, 흡수율이 낮다. 밀기울의 아미노산 조성을 보면 시스틴 및 트립토판의 함량은 비교적 낮으나 옥수수보다는 높고 유지류보다는 떨어진다. 따라서 유박류와 함께 사용하면 그 효과가 한층 더 좋아진다.

나. 쌀 겨

쌀겨는 벼에서 현미를 도정하는 과정에서 분리된 것으로 보통 현미의 5~6%가 생산된다. 한편, 생쌀겨에서 지방을 추출한 것을 탈지강이라고 하는데 저장성과 기호성이 생쌀겨보다 좋기 때문에 그 품질에 있어서 우수하다. 쌀겨의 단백질 함량은 13~16%이며 지방의 함량은 탈지여부에 따라 2~14%로 변이가 크다. 인의 함량은 많으나 이것 역시 피틴태 인으로서 단위동물은 이용이 잘 안된다.

다. 보릿겨

보릿겨는 쌀보리나 보리를 도정하는 과정에서 생긴 부산물을 총칭하는 것으로 거친 보릿겨는 조단백질의 함량이 낮고 조섬유의 함량이 높으며 이와는 반대로 고운 보릿겨는 기호성이 좋고 티아민, 나이아신 및 인 등의 함량이 높고 칼슘과 리보플라빈의 함량이 낮으며, 특히 비타민 A, D는 더욱 더 낮다.

라. 그 밖의 강피류 사료

그 외에도 대두피, 옥수수겨, 전분박, 잠사와 잠분, 해조분 등이 있다.

(3) 유지사료

가축의 생산능력이 향상되어 고효율 사료의 사용은 불가피하게 되었다. 여기서 고효율 사료라 함은 사료 속에 에너지와 단백질을 비롯한 여러 가지 영양소를 보다 많이 함유시켜서 적은 양의 사료로 축산물의 생산을 많게 하는 효율적인 사료를 말한다. 이러한 목적을 위해서는 에너지의 수준을 높여줌은 물론 동시에 단백질의 함량도 높아야 하므로 보통의 단미사료를 사용해서는 불가능하다. 그리하여 곡류보다 에너지의 함량이 훨씬 높은 유지사료를 이용해야 하는 것이다.

유지를 사료로 이용할 경우 다음과 같은 이점이 있다.

① 사료의 에너지 함량을 높여줌으로써 사료효율을 개선할 수 있고
② 유지에 함유된 필수지방산의 기능이 가능하고
③ 지용성비타민인 A, D, E, K 등을 공급받을 수 있고
④ 사료의 기호성 및 색상을 개선하며
⑤ 배합사료 제조시 먼지 방지 및 기계 마모를 방지할 수 있다.

한편, 유지를 사료로 이용할 때 산화가 일어나지 않도록 황산화제를 써야 한다는 것과 지방의 산화에는 공기, 수분, 중금속 등이 촉진제 역할을 하므로 이에 대한 각별한 주의가 요망된다, 유지는 식물성 유지와 동물성 유지로 나눌 수 있고 이중에 동물성 유지가 영양가가 높은데 그 이유는 흡수율이 높고 필수지방산의 함량이 높다는데 있다.

가. 식물성 유지

A. 옥수수 기름

주로 식용으로 쓰이고 있으며 불포화지방산인 올레인산과 리놀산으로 구성되어있다. 닭에

대한 옥수수 기름의 대사 에너지가는 평균 8.680kcal로서 콩기름이나 라아드 보다는 낮으나 텔로우보다는 높다.

B. 콩기름

콩기름도 역시 식용으로 쓰이고 있으며 주로 불포화지방산으로 되어 있고 닭에 대한 대사에너지가는 9.070~9.260kcal이며 흡수율은 95.6~98.0% 정도이다.

C. 면실유

목화씨에서 기름을 짠 것을 말하는데 여기에는 고시폴과 스테리큘린산이라는 독성물질이 함유되어 있어서 사료로서는 그 사용량이 극히 제한되었는데 근래에는 고시폴을 제거하는 방법이 개발되어 가축사료에 소량이나마 사용할 수 있게 되었다.

D. 채종유

이것은 유채의 종자에서 짠 기름으로 지방산의 조성을 보면 다른 식물성 기름과는 달리 리놀산의 한량이 20% 미만이고 올레인산이 한량은 23~31%로서 대조를 이루고 있으며, 대사에너지가는 7.730~9.570kcal/kg이다.

나. 동물성 유지

동물성 유지는 그 이화학적 성질에 따라 여러 가지로 나눌 수 있는데 크게 나누면 그리스, 라아드, 텔로우로 구분할 수 있다. 그 구별은 융점에 의하여 40℃ 이상인 것은 텔로우라 한다. 동물성 지방은 식물성 지방과는 달리 불포화도가 낮고 올레인산이 40~50%로서 가장 많이 함유된 반면 리놀산은 10% 내외이며, 지방 가운데 올레인산이 가장 높은 것부터 차례로 적어보면 라아드, 그리스, 텔로우 순이다. 동물성 지방 가운데 어유를 사료로 사용하고 있으나, 이것을 사료에 섞어 쓰면 축산물에 악취가 나므로 이점을 고려하여 사용해야 한다.

(4) 난백실사료

가축의 성상은 골격의 신상과 아울러 제세포의 증가 및 성상에 의하여 이루어지는데 체세포를 구성하는 물질은 대부분 단백질이다. 그리고 이들의 대부분은 가축의 체외에서 사료의 형태로 공급을 받아야 하는데 이것이 단백질사료의 공급목적이다. 한편 단백질사료는 단백질의 함량이 20% 이상 들어있는 사료를 말하고 이에는 대두박, 채종박 등의 식물성 단백질사료와 어분, 우모분, 어습, 육골분과 같은 사료가 있다.

가. 식물성 단백질사료

A. 대두박

대두박은 콩에서 기름을 짜고 남은 부산물로서 대두박의 영양소 함량은 탈피여부 및 기름추출방법에 의하여 차이가 생기는데, 탈피 대두박은 조섬유의 함량이 낮고 단백질의 함량도 50% 정도가 되나 탈피하지 않은 것은 조섬유의 함량이 5~6%이고 단백질의 함량은 45% 정도가 된다. 대두박의 단백질은 아미노산 조성이 비교적 우수한 편이나 함유황 아미노산인 메티오닌과 시스틴의 함량이 다소 낮아 제한아미노산이 된다.

B. 면실박

면실박의 단백질 함량은 탈피여부에 따라 결정되는데 탈피하지 않은 것은 25~30%의 단백질을 탈피한 것는 40% 이상이나 된다. 면실박에서 가장 문제가 되는 것은 고시폴이란 페놀성 화합물의 함량이며, 특히 고시폴이 단위동물사료에 다량 배합되면 성장률 및 사료효율이 나빠진다. 어린 송아지의 경우에는 폐사율이 높아지고 닭에 있어서는 계란의 난황색의 변색을 가져오며 비텔린 비를 이환시켜 장기간 저장시 난황을 증대시키기도 한다. 고시폴의 함량을 낮추기 위해서 열처리가 효과적이다.

C. 채종박

유채에서 기름을 짜고 남은 깻묵을 말하는데 조단백질의 함량은 35~37% 정도이며 아미노산 조성에 있어서 라이신이 모자라는 것을 제외하고는 우수한 편에 속한다. 한편, 채종박에는 0.2~0.5%의 겨자유가 함유되어 있어서 기호성을 떨어뜨리는데 이것의 주성분이 미로시나제라는 효소에 의해 산화되면 갑상선 비대 및 조직변화를 유발시키는 것으로 알려져 있다.

D. 그 밖의 단백질사료

이 외에 아마박, 옥수수 글루텐, 밀 글루텐, 낙화생박, 야자박, 해바라기씨박 및 주정박 등이 있다.

나. 동물성 단백질사료

동물성 단백질사료는 우유 및 축산가공부산물, 수산부산물, 피혁부산물로 나눌 수 있다.

A. 어 분

어분은 생선으로부터 어유를 짜고 남은 어박이나 생선부스러기 등을 건조시켜 가루로 만든 것으로 착유법, 제조방법, 생산지 및 어종에 따라 다양하다. 대체로 단백질의 함량이 높고 아미노산의 조성이 우수하여 식물성 단백질에서 부족되기 쉬운 메티오닌과 시스틴 같은 함유황 아미노산이 풍부하게 들어 있다.

B. 우모분

가금의 깃털을 고압, 가열처리하여 분쇄한 것을 우모분이라 하는데 우모분의 단백질은 카로틴태로 되어 있어서 소화, 이용이 낮으며 아미노산 중 루이신과 시스틴의 함량은 높으나 라이신, 메티오닌, 히스티딘, 트립토판의 함량은 낮다.

C. 피혁분

피혁분은 가죽조각과 불량품을 가수분해 처리하여 분말화한 것인데 단백질의 함량은 75%나 되어 매우 높으나 콜라겐의 형태로 되어 있어서 그 소화, 이용이 잘 안된다. 한편, 여기에는 크롬의 함량이 높아 이를 사료로 이용시 제약조건이 되기도 한다.

D. 그 밖의 동물성 단백질사료

이 외에도 어즙, 육분과 육골분, 가금부산물, 새우분, 잠용박 등이 있으나 주요 단백질원은 아니다.

(5) 근괴사료

재배작물 중에서 뿌리 부분을 사료로 이용하는 고구마, 감자, 뚱딴지, 무, 사료용 비트, 타피오카 등이 있는데 이들을 근괴사료라고 한다.

가. 고구마

고구마는 주로 식용으로 쓰이고 사료용으로는 별로 쓰이지 않는다. 에너지사료로 사용할 수 있고 특히 많이 생산되어 저장에 문제가 있을 경우 고구마 사일리지로 만들어 급여하면 저장성을 높일 수 있다.

나. 타피오카

타피오카는 일명 카사바 또는 만디오카라고 불리는 열대성 근괴식물로 단위면적당 생산량이 매우 많다. 영양소의 함량은 고구마와 같으나 값이 싸서 에너지 사료로 각광을 받고 있다.

4) 조사료

(1) 조사료의 일반적인 특징

조사료는 용적이 크고 거칠어서 단위동물은 이용이 제한되어 있고 반추동물이나 초식동물만이 주로 이용할 수 있다. 개괄적인 이들 사료의 특성을 살펴보면 에너지의 함량이 낮고 조섬유의 함량이 높으며 반추가축에게 만복감을 줄 수 있다. 그리고 대부분은 농후사료에 비하여 미량광물질과 칼슘의 함량이 높으며 반추가축에 기호성이 높다는 것이다. 돼지의 비육말기의 사료에는 사용하지 말아야 하나, 젖소의 사료로는 일정 수준의 유지방을 유지하기 위해서는 반드시 급여해야 한다.

조사료를 생산할 목적으로 재배되는 작물을 사료작물이라 하는데, 여기에는 목초(grass)와 풋베기 작물(soiling crop)이 있다.

(2) 화본과목초

우리나라에서 재배되는 목초는 외국에서 도입된 것이며, 이들은 특히 초식가축의 방목, 건초 및 사일리지로서 이용에 꼭 필요한 자원이다. 그러나 북방형 목초는 한여름에 하고현상에 의하여 생육이 일시 중지되어 이 기간에는 일년생 청예작물의 이용을 고려해야 한다.

가. 오차드그라스

다년생 목초로 초장은 80~120cm이고 다발을 형성하여 초봄에 생육이 빠르고 그늘에 견디는 힘과 내한성도 기대할 수 있다. 우리나라에서 가장 많이 재배되며, 건물기준으로 8~18%의 조단백질을 함유하고 있다.

나. 이탈리안라이그라스

다년생 화본과 목초로서 우리나라의 남부지방에서 답리작으로 많이 재배되며 청예의 이용이 가장 일반적이며 사일리지 용으로도 재배된다. 특히 이탈리안라이그라스에는 서당이 많아 사일리지가 잘 되는 것으로 되어 있다.

다. 티머시

다발형을 이루며 초장은 60~90cm이다. 알팔파나 클로버와 같이 혼파하는 것이 좋으며, 특히 말의 건초로 각광을 받으며 건초 제조시기는 출수 초기가 적당하다. 8~12%의 조단백질을 함유하고 있다.

라. 리이드카나리그라스

다년생이며 초장은 60~180cm이고 습한 곳에서 잘 자라며 잎이 거칠고 무성하게 자라는 것이 특징이다. 방목에 비교적 약한 편이며 건물 중에는 약 9~13%의 조단백질을 함유하고 있다.

마. 페레니얼라이그라스

성장이 빠른 다년생 목초로 초장은 30~60cm 정도이다. 방목용 초지로 효과적이며, 특히 여름에는 심한 하고현상을 받는다. 건물 중에는 6~13%의 조단백질을 함유하고 있다.

(3) 두과목초

두과목초는 잎, 줄기에 풍부한 단백질을 저장하기 때문에 이를 가축에 급여하는 경우에 고단백 영양공급제의 역할을 한다. 뿐만 아니라 골격형성 영양소인 P, K, Ca와 같은 광물질과 비타민과 같은 성장촉진인자를 급여하는 효과도 있다. 그밖에도 공중질소의 이용에 의한 토양의 비옥도 증진 및 토양의 침식방지에도 도움이 된다.

가. 알팔파

영양가가 풍부하여 사초의 여왕이라고 하며, 특히 건초로 이용시 그 사료적 가치가 높다. 조단백질이 15~25% 이상 또 TDN은 50% 이상이지만 우리나라 농가에서는 이의 재배, 이용이 잘 되지 않고 있으며 최근에는 미국으로부터 건초 및 알팔파 관련 제품이 수입되고 있는 실정이다.

나. 라디노클로버

다년생이고 온화한 기후에서 잘 자란다. 방목용으로 알맞은 목초로 우리나라 혼파 초지에 흔히 파종한다.

다. 레드클로버

다년생으로 주로 건초용으로 재배된다. 특히 티머시와 함께 파종할 때 좋은 성적을 올릴 수 있으며, 사료적 가치는 알팔파와 유사하며 조단백질의 함량은 12~22%이다.

(4) 풋베기 사료

우리나라는 경지면적이 적고 대부분의 축산이 도시근교에서 이루어지고 있으므로 초지를 이용한 가축사육 대신에 생산량이 높은 풋베기 작물을 재배, 이용하고 있는 실정이다. 이 중에서도 옥수수, 수단그라스, 수수 교잡종, 호밀, 귀리, 유채와 보리 등이 많이 재배되고 있다.

가. 옥수수

옥수수는 1년생 작물로 초장 1~4m에 이르며 수량도 풍부하지만 탄수화물 함량이 많고 당분이 풍부하므로 풋베기보다는 사일리지로 이용하는 경우가 많다.

풋베기로 이용할 시에는 출수기 이후에 줄기가 딱딱해져 기호성이 떨어지므로 이 시기를 지나치지 않도록 하여야 한다.

나. 수단그라스

수수속에 속하는 1년생 작물로 초장이 90~150cm이며 청예뿐만 아니라 건초, 사일리지, 방목으로도 이용이 가능하다. 청산의 함량이 문제가 되므로 초장이 50cm 이상에서 이용하는 것이 바람직하다.

다. 호 밀

우리나라에서 가을 옥수수의 후작이나 벼를 재배한 후에 파종하여 이용하고 있다. 특히 초봄에 이용이 가능하고 때로는 사일리지로도 제조할 수 있다. 건물 중 조단백질은 8~12% 정도이다.

라. 귀 리(연맥)

귀리는 추운지방에서 종실을 목적으로 하고 따듯한 지역에서는 풋베기용으로서 재배되어 왔다.

종실은 주로 말 사료나 식용, 가공용으로 이용되고 풋베기 귀리는 젖소의 중요한 조사료원이 되며 사일리지로도 이용된다.

마. 유 채

유채는 십자화과에 속하는 작물로서 제주도 및 남부지방에서 종실에서 기름을 얻기 위해 재배되어 왔다. 최근 사일리지용 옥수수를 수확한 후 후작으로 많이 개배되고 있으며, 단백질 함량이 높고 섬유소가 적으며 기호성이 양호한 작물이다.

바. 보 리

보리는 종실이 농후사료로 이용되며 풋베기용으로도 사용되고 있다.

수량은 한지에서는 호밀보다 온난지에서는 귀리보다 적다. 풋베기는 연간 2~3회 이용이 가능하나 9월 파종시에는 연내에 1회 그리고 이듬해 봄에 1~2회 예취할 수 있다.

사. 기타 풋베기 작물

그 밖에도 피, 사료용 무, 비이트, 순무 등이 있다.

(5) 야 초

야초는 흔히 볼 수 있는 갖가지 야생의 풀로서 논두렁, 밭 가, 길섶, 산에서 채취할 수 있는 모든 종류의 야초류를 총칭한다. 특히 축산의 규모가 작고 부업적으로 가축을 기르는 경우에 농가가 손쉽게 이용할 수 있는 조사료원이다. 야초는 크게 다년생 야초와 단년생 야초로 나눌 수 있는데 집 근처에는 주로 단년생이 산에는 다년생 야초가 많다. 주요한 초종은 강아지풀, 개밀, 조개풀, 안고초, 큰기름새, 기름새, 참억새, 바랭이 등의 화본과목초와 자운영, 살갈퀴, 벌노랑이, 비수리, 매듭풀, 차풀, 돌콩 등의 두과목초가 있다. 사료적 가치는 어릴 때는 높으나 생육이 진행됨에 따라서 조섬유의 함량이 많아져 떨어진다.

(6) 고간류

고간류는 벼, 보리, 밀, 조와 같은 곡류를 수확하고 남은 잎과 줄기로서 짚이라고 부르는데, 특히 이중에서도 볏짚은 축산농가가 많이 이용하고 있는 대표적인 고간류로 연간 850만톤 정도가 생산된다. 볏짚의 영양적 특성을 보면 단백질의 함량도 4~5%로 낮고 아미노산의 공급능력도 보잘 것이 없으며 칼슘과 인 및 비타민도 거의 기대할 수 없다. 그리하여 생산성이 낮은 가축에만 사용하는 것이 좋다. 이들의 사료가치를 증진시키고자 많은 노력을 기울려 왔고 그 중에는 물리적 처리로 분쇄, 물에 담그는 방법과 화학적 처리로 알칼리 처리와 암모니아 처리를 실시했는데 그 효과는 TDN 및 섭취량이 증가하는 것으로 나타 났다.

5) 과학사료

사료의 대종을 이루는 것으로는 농후사료와 조사료가 있으나 이들만으로는 가축이 요구하는 영양소를 충족시킬 수 없을 경우나 또 어린 짐승의 성장을 촉진하고 사료효율이나 축산물의 품질을 개선할 필요가 있을 때 사용되는 사료가 있는데 이를 보충사료 또는 과학사료라 한다.

과학사료는 영양성 첨가제와 비영양성 첨가제로 나누는 경우가 있다. 여기서 영양성 첨가제란 칼슘이나 인과 같은 광물질을 보급하기 위한 광물질 첨가제, 비타민 첨가제 그리고 아미노산 첨가제와 같이 실질적으로 영양소를 공급하기 위한 것을 말하고 비영양성 첨가제는 직접적으로 영양은 공급하지 않으나 사료의 섭취와 소화를 돕는 물질 및 축산물의 질을 향상시키기 위한 물질 등이 있다

(1) 광물질사료

광물질사료에는 칼슘사료와 칼슘, 인 사료가 있으며 인공급 사료도 있다. 한편, 미량광물질을 공급할 목적으로 여러 가지 미량광물질을 급여하는데 이에는 아연, 코발트, 철, 구리, 망간, 요오드, 비소, 셀레늄 등이 있고 가축에 나트륨과 염소를 공급하기 위해서 소금을 주는데 특히 초식가축에 있어서 이의 공급은 필수적이다. 물론 이 때 과잉급여를 하면 설사, 체중감소 등의 부작용이 있다.

(2) 비타민 및 아미노산 첨가제

주신 비타민을 공급하기 위하여 공급하는 첨가제로는 비타민 A, D, E, K, B제 등이 있고 천연적인 사료 또는 화학적으로 합성된 것을 공급한다. 한편, 아미노산 첨가제는 동물성 단백질 사료가 부족하고 그 값이 비싼 경우 합성 아미노산을 이용하는데 이에는 DL-메티오닌, 라이신, 글라이신, 트립토판, 알지닌, 글루타민 등이 있다.

(3) 기타 첨가제

직접 영양소를 공급하지는 않으나 간접적으로 축산물의 생산성을 향상시킬 수 있게 하는 것이 있는데 항생물제, 생균제, 호르몬제, 비소화합물, 항콕시듐제, 항산화제, 향미제 등이 이에 속한다. 또한 반추가축에 있어서 서식하는 미생물이 비단백태질소화합물을 가지고 합성한 단백질을 이용키 위해서 요소를 사용하는 경우도 있다.

제 9 장 인간과 동물의 성비

1. 성 행동

모든 생물은 종족을 유지할 목적을 달성하기 위해 여러 가지 성 행동(sex behaviors)을 한다.

1) 성성숙

성성숙(puberty)이란 성적 기능이 시작되는 연령에 도달하는 시기를 말하며, 이 시기가 되면 생식선이 활동한다. 즉 수컷의 정소에서는 정자를 생산하고, 암컷의 난소에서는 난자를 생산한다.

동물은 일정한 연령에 도달하면 암 · 수가 확실하게 구별되는 제2차적 성징이 발현된다. 수컷은 신경질적이 되고 싸우기(好爭性)를 좋아하며 앞몸과 어깨가 펴지고 면양, 사슴, 소 같은 유각종은 뿔이 자라며, 조류는 볏이 커지고 성대가 좋아진다. 남자는 수염이 나고 남자다워지며 음경이 커진다(그림 9-1).

암컷은 심신이 강해지고 신경질적이 되며 유방은 현저하게 커진다. 또 몸 전체는 곡선미를 가지며 피하지방의 축적이 많아진다. 여자는 유방이 커지고 여자다워진다.

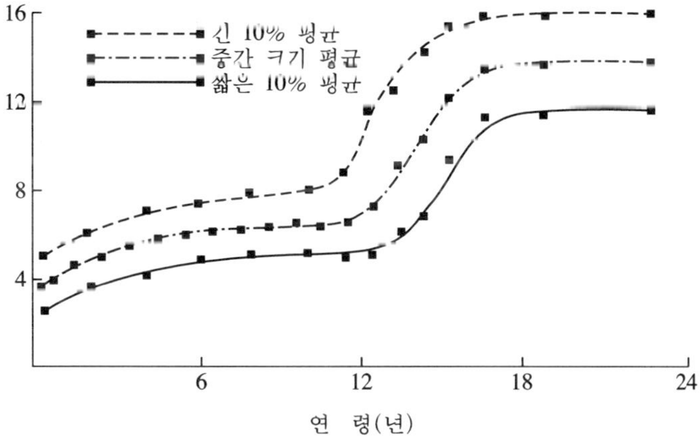

[그림 9-1] 음경의 성장곡선

성성숙이 되면 뇌하수체에서는 난포자극호르몬(follicular stimulating hormone, FSH)과 황체형성호르몬(luteinizing hormone, LH)의 분비가 많아진다. 이들 호르몬의 자극을 받은 수컷과 암컷의 생식선에서는 각종 호르몬을 분비하는데, 수컷의 정소에서는 웅성호르몬(androgen), 암컷의 난소에서는 자성호르몬(estrogen)과 황체호르몬(progesterone)을 분비한다.

2) 성 행동

성 행동(sex behaviors)을 유발하는 자극에는 크게 내분비 자극과 환경적 자극이 있다. 내분비 자극으로는 뇌하수체에서 정소와 난소를 표적기관으로 하여 분비된 FSH와 LH가 정소와 난소를 자극하게 된다. 정소에서는 웅성호르몬(androgen)의 분비를 촉진하여 정자를 생산하고, 수컷의 제2차적 성징의 발현을 촉진한다. 난소에서는 자성호르몬(estrogen)의 분비를 촉진하여 난자를 생산하고, 암컷의 제2차적 성징의 발현을 촉진하며, 배란된 자리에 황체를 형성하여 황체호르몬(progesterone)의 분비를 촉진하므로서 발정주기 또는 월경주기를 형성하도록 하거나 임신을 유지하게 한다. 암컷에서 생식을 위한 난포발육 · 성성숙 · 배란 · 수정 · 착상 · 임신 · 분만 · 비유 등과 같은 성 현상이 시작되는 것을 초발정이라 하는데, 이 시기를 사람에서는 사춘기라 한다.

수컷의 성 행동은 구애동작, 성적과시, 발성 등에 이어 교미동작으로는 성적 각성, 구애, 발기, 음경돌출, 승가, 삽입, 사정, 하강과 무기력 등으로 나눌 수 있다.

암컷의 성 행동은 임신이 되지 않으면 주기적으로 발정징후를 나타내는데, 발정징후는 동물종에 따라 차이가 있지만 특수한 발성, 승가, 식욕감퇴, 신경질, 잦은 배뇨 등을 하며 심하면 사모광증(思牡狂症)을 나타낸다.

3) 교미시간과 교미빈도

동물이 교미하는데 소요되는 시간은 육식동물은 길고, 초식동물과 조류는 짧다. 그러나 조류 중에서도 수금류는 교미돌기가 발달되어 있어서 약간 긴 경향이 있다.

동물별 교미시간은 소, 면양, 염소, 조류는 수 초간이고, 말은 40초, 돼지는 5분 이상, 개는 30분으로 매우 길고, 수금류는 1분 전후이다.

사람이 성교를 할 때 사정시간을 조사한 보고에 의하면 브라질인 30분, 호주인 23분, 홍콩인 13분, 태국인 10분으로 동양인이 비교적 짧다고 한다.

동물의 교미빈도는 동물 종, 영양상태 등에 따라 차이가 있지만 성적고갈 상태가 될 때 까지 연속하여 사정할 수 있는 사정회수(최고)는 소 20(80)회, 면양과 염소 10(40)회, 돼지 3(8)회, 말 3(20)회라고 한다.

사람이 연간 성적 행동을 하는 성교의 빈도는 15~55세를 기준으로 할 때 미국인 138회, 그리스인 117회, 남미인 116회, 뉴질랜드인 115회, 영국과 호주인 112회, 태국인 80회, 중국인 72회, 대만인 65회, 홍콩인 57회, 일본인 36회로 서양인이 동양인에 비해 훨씬 많은 것으로 알려져 있다. 미국의 성인이 1주일에 성교를 하는 빈도는 그림 9-2와 같다.

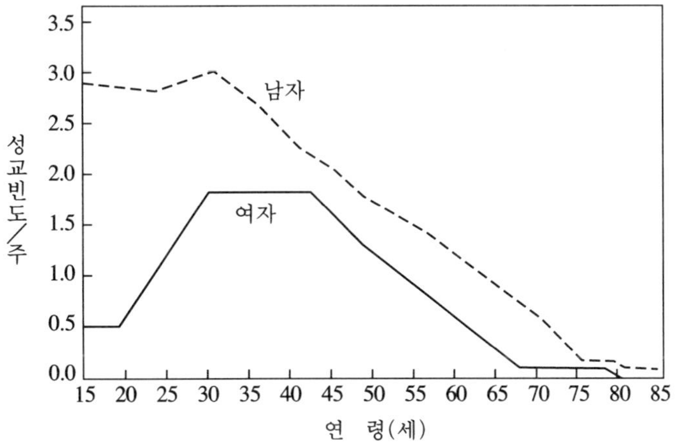

[그림 9-2] 성인의 성교빈도

2. 인간과 동물의 성비

1) 성비란?

성비는 제1차 성비(교미시의 성비), 제2차 성비(출생시의 성비), 제3차 성비(특정시기의 성비)로 나누지만 일반적으로는 출생시의 성비인 제2차 성비를 의미한다.

성비의 표기는 1 : 1, 50 : 50, 100 : 100, 1,000 : 1,000으로 표기하는 것이 원칙이지만, 암컷을 1, 50, 100, 1,000으로 고정하고 수컷의 숫자만 써서 표기하는 것이 일반적이다.

동물의 성비(sex ratio)는 동물 종에 따라 차이가 있지만 거의 대부분 암수의 비가 1 : 1이다

2) 인간의 성비

인간의 성비를 조사한 예는 많이 있지만 조사한 사람에 따라 차이가 많은데 분만 수에 따라서 조사한 결과는 표 9-1과 같다.

한편 Brooks(1887)는 호주의 원주민과 이주민의 성비를 조사하였는데 호주의 원주민은 143.7이였지만 이주민은 118.7로 성비가 차이가 있었고, 유산이나 사산한 아기의 성비는 119.0~156.4로 남자가 훨씬 많았다고 하였다.

우리나라에서는 1959년에 처음으로 성비를 조사한 기록이 있는데 서울 114~115, 제주도 107~109, 울릉도 103.3으로 지방에 따라 차이가 있었다. 1970년대 이후 성비의 추이는 표 9-

[표 9-1] 인간의 성비

분만수	조 사 자		
	Nichols(1915)	Dunker(1915)	Knibbs(1925)
1명	51.4	51.5	51.4
2명	51.1	51.5	50.9
3명	50.2	50.9	49.3
4명	35.4	–	43.8

2에서 보는 바와 같이 1970년대에는 출생한 아기의 성비가 초산 110.2, 2산 109.3, 3산 109.1, 평균 109.5였으나, 25년 후인 1995년에는 초산 105.9, 2산 111.8, 3산 183.5, 평균 113.4로 남자아이의 출생이 훨씬 많아 졌다. 그 중에서도 3산의 경우 전체 출생아의 수는 적지만 성비가 183.5로 매우 높은 특징을 보이고 있다. 이는 1980년대 이후 양수검사, 초음파 검사, 염색체 검사 등으로 태아의 성 판별이 가능해지면서 남아선호사상으로 여자아이를 낙태한 것이 원인이라고 할 수 있다.

[표 9-2] 1970년대 이후 성비의 추이

연 도	산 차			
	합 계	초 산	2산	3산
1970	109.5	110.2	109.3	109.1
1995	112.4	120.0	109.8	110.8
1980	105.3	106.0	106.5	106.9
1985	109.4	106.0	107.8	129.2
1986	111.7	107.3	111.2	141.7
1990	116.6	108.6	117.1	194.5
1991	112.5	105.8	112.5	184.1
1992	113.7	106.3	112.5	197.3
1993	115.5	106.5	114.8	210.2
1994	115.3	106.1	114.2	208.4
1995	113.4	105.9	118.8	183.5

한편, 1990년 이후 도시별로 산차에 따른 성비는 표 9-3에서 보는 바와 같이 3산과 4산의 경우 부산, 대구의 성비가 서울 또는 전국 평균보다 훨씬 높았는데, 이는 보수적인 부산, 대구의 남아선호사상이 더욱더 심하다는 것을 의미하는 것으로 볼 수 있다.

[표 9-3] 지역별 산차에 따른 성비

산 차	전국 평균	서 울	부 산	대 구
초산	106.0	106.6	104.0	107.0
2산	113.0	110.0	119.0	132.0
3산	196.0	203.0	332.0	334.0
4산	232.0	245.0	367.0	443.0

3) 동물의 성비

가축과 야생동물의 총 성비는 조사자에 따라 차이가 많지만 요약하여 정리하면 표 9-4와 같다.

[표 9-4] 동물의 성비

동 물	성 비	조사자 (연도)
소	91.6~107.3	Darwin 등 41 명 (1874~1973)
말	95.5~102.6	Darwin 등 20 명 (1874~1975)
돼 지	97.2~111.8	wilckens 등 43 명 (1886~1973)
염 소	100.4~121.4	Lush 등 3 명 (1930~1998)
노 새	88.6	Cratt (1933)
면 양	96.0~98.0	Darwin 등 13 명 (1874~1973)
개	33.4~124.3	Darwin 등 13 명 (1874~1974)
고양이	110.4	Jones (1922)
마우스	83.0~124.3	Bluhon 등 15 명 (1924~1978)
랫 트	97.0~129.0	King 등 15 명 (1911~1974)
토 끼	100.6~123.6	Hags 등 5 명 (1921~1928)
기니아피그	97.8~111.8	Ibsen 등 6 명 (1922~1930)
헴스디	96.5~183.0	Lindall 등 3 명 (1958~1968)
야생사슴	1110.~121.0	Robinet (1957)
산토끼	90.4~118.6	Retrides (1951)
다람쥐	89.4~103.4	Shorten (1954)
고 래	100.0~142.8	Larkin 등 3 명 (1948~1971)
박 쥐	82.0~106.0	Uchida (1966)

동물에 있어서도 유산, 사산한 태아의 성비는 소 116.1~134.0, 말 106.0, 돼지 108.2~119.0, 양 107.0, 랫트 129.0으로 수컷이 암컷보다 많은 것으로 보아 동물도 인간과 같이 제1차 성비는 수컷이 많은 것으로 나타났다.

3. 성비에 관한 속설

동 · 서양을 막론하고 옛날부터 남아선호사상이 강하였으므로 성을 지배하려는 노력과 함께 태아의 성을 알아 맞추려는 여러 가지 방법을 강구하여 왔다. 성을 조절하거나 성을 알아 맞추는데 관련된 많은 속설이 있는데, 그 중 몇 가지를 소개하면 다음과 같다.

1) 그리스의 속설

유명한 철학자이자 박물학자였던 아리스토텔레스(Aristotle, B.C. 384~322)는 체온이 낮은 부모의 아기는 여자가 많다고 하였다. 즉 아주 젊거나 아주 늙은 부모의 아기는 딸이 많고, 장년인 부모의 아기는 아들이 많다. 또 북풍이 부는 겨울에는 체온을 높게 하려고 하므로 부모의 체온이 높아 아들을 많이 낳고, 남풍이 부는 여름에는 체온을 낮게 하려고 하므로 부모의 체온이 낮아 딸을 많이 낳는다고 하였다.

디모크리투스(Democritus, B.C. 470~370)는 부 · 모의 세력설을 주장하였는데, 부의 정력이 강하면 딸을 많이 낳고, 모의 정력이 강하면 아들을 많이 낳는다고 하였다. 또한 신혼 초반에는 남성의 정력이 강하므로 딸을 많이 낳고, 결혼 후반에는 여성의 정력이 강하므로 아들을 많이 낳는다고 하였다.

2) 서양의 속설

서양에서는 와렌(Warren, 1940)이 부 · 모의 연령이 자녀의 성과 관련이 있는데, 부의 나이가 많으면 아들, 모의 나이가 많으면 딸을 많이 낳고, 양친의 연령이 차이가 많으면 연령이 낮은 쪽과 동일한 성을 가진 자녀를 많이 낳는다고 하였다. 즉 젊은 여자와 나이 많은 남자 사이에서는 딸을 많이 낳고, 여성은 나이가 많아지면 정력이 남성보다 강해지므로 젊은 남자와 연상의 여자 사이에서는 아들을 많이 낳는다고 하였다. 또한 여성이 성적흥분의 절정(orgasm)에 도달하면 자궁경선의 분비물이 증가하여 질 내가 알칼리성으로 되므로 수컷(Y) 정자가 활성화되어 아들을 많이 낳는다고 하였다. 그 예로 아프리카의 부족전쟁에서 패배하여 포로가 된 여자는 성적흥분의 절정에 도달하지 못하고 잉태되었으므로, 그 자녀의 성비가 19.6(남아 79 : 여아 403)으로 딸을 훨씬 더 많이 분만하였다고 하였다.

3) 우리나라의 속설

부 · 모의 세는 나이 연령의 합이 우수(偶數)일 때 단오 이전에 출산을 하면 딸을 낳고, 단오 이후에 출산을 하면 아들을 낳는다. 부 · 모의 세는 나이 연령의 합이 기수(奇數)일 때 단오 이전에 출산을 하면 아들을 낳고, 단오 이후에 출산을 하면 딸을 낳는다고 하는 속설이 있다.

지방에 따라서는 밤 12시 이전에 방사를 하면 딸을 낳고, 밤 12시 이후에 방사를 하면 아들을 낳는다는 속설도 있다. 체위, 용모, 체형도 자녀의 성과 관계가 있다는 속설에서는 성교를 할 때 여자가 좌하우상(左下右上)의 체위일 때는 아들을 낳고, 여자가 좌상우하(左上右下)의 체위일 때는 딸을 낳는다. 또 임산부가 뚱뚱하면 아들을 낳고, 여위고 날씬하면 딸을 낳는다고도 한다.

허준의 동의보감에서도 임산부의 복부가 바가지를 엎어놓은 것 같을 때는 아들을 낳고, 임산부의 발목이 굵으면 딸을 낳는다고 하였다.

지방에 따라서는 태몽에 태양이나 뱀이 나타나면 딸을 낳고 달이나 구렁이가 나타나면 아들을 낳는다는 속설도 있다.

어떤 지방에서는 임산부를 급히 부를 때 목을 왼쪽으로 돌리면 아들을 낳고, 목을 오른쪽으로 돌리면 딸을 낳는다고 한다. 이는 남자아이를 잉태하면 오른쪽이 무거워지므로 태아를 보호하기 위한 본능이라고 한다.

전쟁 후에는 남자보다 여자의 성욕이 강해지므로 전쟁 후에는 아들을 많이 낳고, 평화시에는 딸을 많이 낳는다는 속설도 있는데, 이는 와렌의 보고와도 일치한다.

4. 인간과 동물의 성비조절

인간의 성비조절(sex control)은 동 · 서양을 막론하고 남아선호사상 때문에 많은 연구를 하였지만 윤리적인 문제와 밀접한 관계가 있기 때문에 공개적으로는 추진할 수 없으므로 비공개적으로 수행되고 있다. 근본적으로 제1차 성비는 조절하기가 어렵지만 태아 때에 양수검사, 초음파 검사, 염색체 검사 등을 하여 선호하지 않는 성의 태아를 낙태시킴으로써 제2차 성비를 조절하는 방법이 가장 일반적으로 진행되고 있다. 그러나 태아의 성 감별은 법적으로도 불법행위이므로 비밀리에 수행되고 있는 실정이다.

가축에서는 성에 따라 생산성에 차이가 많기 때문에 많은 연구가 이루어지고 있다. 예를 들면 젖소는 암소만이 우유를 생산하고, 육우는 암소보다 수소가 성장능력이 좋기 때문에 젖소는 암소만, 육우는 수소만 분만하도록 한다면 생산비를 적게 들이고도 많은 수익을 얻을 수 있을 것이다. 또한 닭도 산란계는 암탉, 육용계는 수탉만 부화시킬 수 있다면 많은 수익을 얻을 수 있을 것이다.

성비조절에 관한 연구는 많은 연구자들에 의해 여러 가지 방법으로 수행되었으나 아직까지 100% 확실한 방법이 개발되지 않은 실정이지만 몇 가지 예를 소개한다.

1) 영양소의 성분에 의한 성 지배 실험

소(cattle)에서 연구되었는데, 사료 중에 함유된 칼륨(K), 칼슘(Ca), 마그네슘(Mg) 이온의 합계의 비율에 따라 암 · 수의 성비가 다르게 나타났다.

즉 $1 < K/Ca^{2+} \cdot Mg^{2+} < 1.5$ 일 때에는 암컷과 수컷이 동수였지만, $K/Ca^{2+} \cdot Mg^{2+} < 1$ 일 때에는 수컷이 훨씬 많았다.

2) 산, 알칼리 처리 실험

토끼(rabbit)에서 교미하기 전에 산과 알칼리를 질 내에 삽입했을 때 산자의 성비는 아무것도 처리하지 않은 대조구 33.3 ± 5.1, 알칼리 처리구 66.1 ± 4.4, 산 처리구 23.8 ± 9.3으로 나타났다.

즉 알칼리 처리구에서 수컷이 많이 나온 것은 Y 염색체를 갖고 있는 정자가 아마도 알칼리성을 더 좋아하는 것으로 추측할 수 있다.

3) 정자의 무게(비중)를 이용한 성 지배 실험

소(cattle)에서 X 염색체를 갖고 있는 정자보다 Y 염색체를 갖고 있는 정자가 비중(무게)이 클 것이라고 가정하고 원심분리하여 비중이 큰 정자만을 86두의 암소에 인공수정했을 때 성비는 66.1~85.7%로 숫송아지를 많이 분만했다.

4) F-body를 이용한 성 지배 실험

사람의 Y 염색체(Y-chromartin)의 긴쪽(long arm)의 선단부에 존재하는 F-body(F-소체)는 특수형광물질에 의해 염색이 되므로 정자의 두부에서 식별이 가능하다.

임신 14~18주령된 임산부의 태아세포에서 F-body를 갖고 있는 태아는 90% 이상이 남아인 것으로 나타냈다.

5) 성염색체 검사법

수정란을 2등분하거나 수정란 내의 할구를 떼어내어 세포유전학적 방법으로 X, Y 염색체의 유무로 성을 판정하는 방법이다. 현미경 하에서 제작표본의 핵상(karyotype)을 기준으로 판정하기 때문에 명확한 판정이 가능하지만 동물 종, 수정란의 발생시기, 채취 세포수, 제작표본수에 따라 정확도에 차이가 많아 판정률은 70% 정도이다.

6) 수컷 특이항체(H-Y 항체)의 이용

수컷 특이항원(H-Y antigen)으로부터 항체를 만든 다음 이 항체와 보체의 존재하에서 수정란을 배양할 경우 수컷의 수정란은 발생중지가 일어나기 때문에 암 · 수의 수정란을 77~88%의 정확도로 구분할 수 있다(그림 9-3).

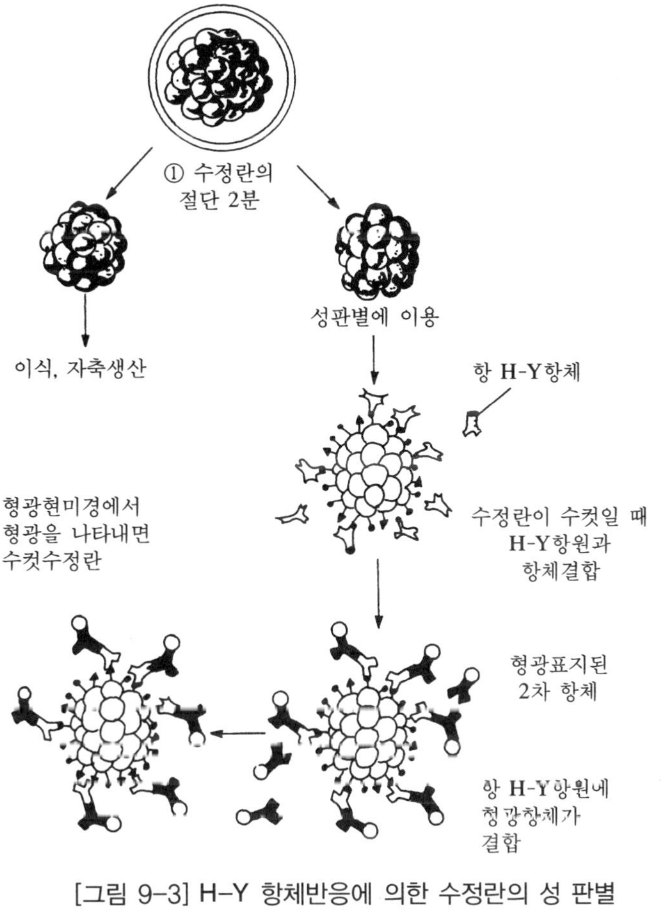

[그림 9-3] H-Y 항체반응에 의한 수정란의 성 판별

7) PCR(polymerase chain reaction)법의 이용

극소량의 DNA를 PCR법으로 증폭시켜 수정란으로부터 매우 적은 수의 세포를 이용하여 Y 염색체를 갖고 있는 난자를 찾아내는 방법이다.

소(cattle)에서 성 염색체 분석결과는 100% 일치되었으며 원하는 성의 송아지를 90% 이상 얻을 수 있었다.

PCR법에 의한 성 판정은 정확도가 매우 높고, 판정에 소요되는 시간도 5시간 이내로 신속하고 많은 수정란을 판정할 수 있으나 비용이 많이 들고 체외수정란에서만 이용할 수 있는 단점이 있다.

8) 초음파 검사법

초음파를 이용하여 임신 중인 태아의 성을 감별하는 방법으로 초음파기구가 많이 개발되어 있고 임신 3개월 이상이면 거의 100% 정확하게 판정할 수 있으나 사람의 성 판별은 법으로 금지되어 있고, 가축에서는 비용이 많이 드는 단점이 있고, 성이 결정된 이후에 판정이 가능하므로 실용성이 거의 없다.

제 10 장 동물의 발생공학과 인류의 운명

지구상의 모든 생물은 어떤 방법으로든지 자손을 낳아 그 종족을 유지함으로써 개체의 수명은 제한이 있지만 종족의 수명은 반영구적으로 계속된다. 생물의 생식 방법은 무성생식과 유성생식이 있다. 암·수의 성이 분화된 포유동물은 각각 배우자(gamete, 생식세포)를 만들어 이 두 배우자가 합쳐 새로운 개체로 발생하는 유성생식(sexual reproduction)을 한다.

이 장에서는 유성생식을 하는 포유동물을 중심으로 포유동물의 생식생리, 생식세포 및 수정란 조작에 의한 발생공학과 그 이용, 포유동물의 발생공학이 인류의 운명에 미칠 영향에 대하여 알아보기로 하겠다.

1. 포유동물의 생식생리

수컷의 생식 현상은 비교적 간단하여 정자의 생산과 생산된 정자를 암컷의 생식기도 내에 주입하여 난자와 결합할 수 있는 기회를 만들어 주는 것으로 끝난다.

그러나 암컷의 생식 현상은 난자의 생산과 배란뿐만 아니라 접합체, 즉 수정란이 분화·발달하여 외적 환경에 어느 정도 적응할 수 있는 생명체가 될 때까지 일정기간 생식기도 내에 보호하였다가 체외로 배출하는 임신과 분만, 비유 등 일련의 현상이 복잡하게 관련되어 있다.

따라서 포유동물의 생식 현상을 충분히 이해하여야만 발생공학적 기술개발과 이용을 효과적으로 할 수 있을 것이며, 포유동물의 발생공학적 기술개발이 지구환경에 미치는 영향을 이해할 수 있을 것이다.

1) 포유동물의 생식기관

(1) 수컷의 생식기관

수컷의 생식기관(male reproductive organs)은 정소, 정소상체, 음낭, 정관과 부생식선, 요도 및 음경으로 구성되어 있다(그림 10-1).

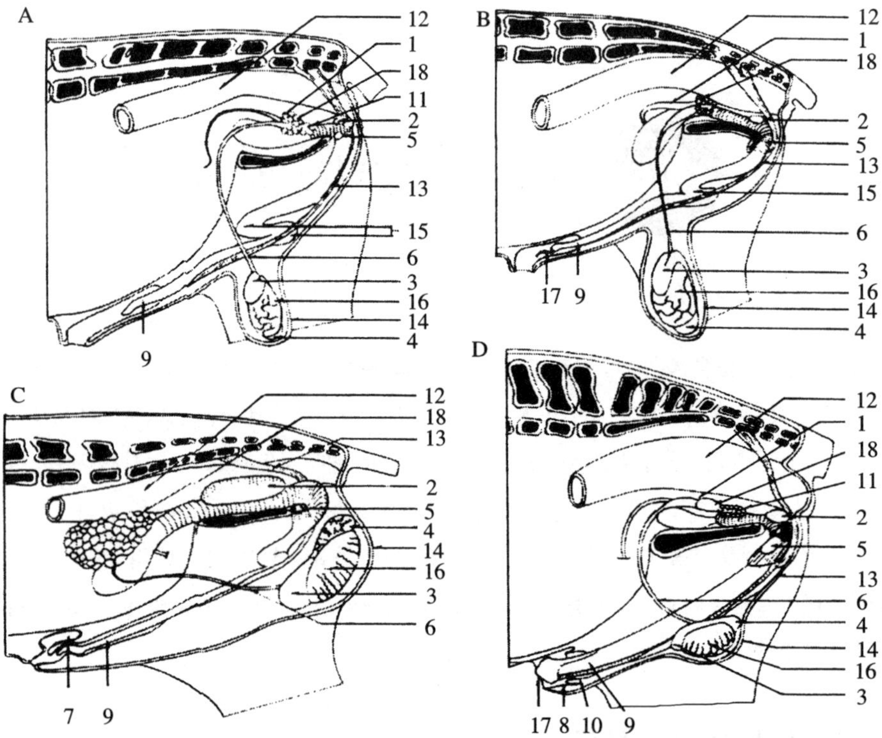

[그림 10-1] 좌반측 절개 후의 웅성생식기

A : 소, B : 면양, C : 돼지, D : 말

1. 팽대부, 2. 구요도선, 3. 정소상체 두부, 4. 정소상체 미부, 5. 좌측좌 골로부터 절단한 좌측음경각, 6. 정관, 7. 포피의 배측게실, 8. 외부포피, 9. 음경의 유리선단부, 10. 내부포피, 11. 전립선, 12. 직장, 13. 음경후 인근, 14. 음낭, 15. S형 만곡부, 16. 정소, 17. 요도돌기, 18. 정낭선

정소에서 형성된 정자는 정소상체에서 일정기간 체류하는 동안 성숙되어 사정에 의해 사출관을 통해 요도로 나와 정낭선, 전립선, 구요도선 같은 부생식선의 분비액과 혼합되어 음경을 거쳐 암컷의 질 내에 사정된다.

가. 정 소

좌우 양쪽의 정소(testis)는 암컷의 난소와 함께 가장 기본적인 생식기이며, 정자를 생산하고 또한 웅성호르몬(androgen)을 분비한다.

나. 정소상체

정소상체(epididymis)는 두부, 체부 및 미부로 되어 있으며, 정자의 운반, 농축, 성숙, 저장 등의 중요한 생리적 기능을 수행하고 있다.

다. 정관 및 부생식선

정관(vas deferens)은 정소에서 생산된 정자를 정소상체 미부로부터 요도로 운반하는 통로이다.

정관 주위에는 정낭선, 전립선, 구요도선 같은 부생식선이 발달되어 있는데, 부생식선의 분비액은 정장의 주성분으로 정자와 혼합되어 정액을 형성하고, 정자를 보호한다.

라. 요도와 음경

요도(urethra)는 오줌이 배설되는 통로인 동시에 정액이 사출되는 통로이고, 음경(penis)은 수컷의 교접기관으로서 오줌의 배설과 암컷의 생식기도 내에 정액을 주입하는 기능을 갖고 있다.

마. 음 낭

음낭(scrotum)은 정소와 정소상체를 씨고 있는 주머니로서 피하에는 지방이 없어 정소 내의 온도를 잘 조절하도록 되어 있다.

정소 내의 온도는 체온보다 2~7℃ 낮아야만 정자생산이 원활하게 이루어진다.

(2) 암컷의 생식기관

암컷의 생식기관(female reproductive organs)은 난소, 난관, 자궁, 질 및 외부생식기로 구성되어 있다(그림 10-2).

난소에서 형성된 난자는 난관에서 정자와 수정되어 일정시간을 경과한 후 자궁에 착상해서 태아로 발육한다.

가. 난 소

난소(ovary)는 수컷의 정소와 함께 가장 기본적인 생식기이며, 난자를 생산하고 또한 자성호르몬(estrogen)과 황체호르몬(progesterone)을 분비한다.

나. 난 관

난관(oviduct)은 난소와 자궁을 연결하는 통로로서 난관누두부, 난관팽대부, 난관협부로 구성되어 있으며, 난관액을 분비하고 정자의 수정능획득(capacitation)과 수정 및 수정란의 난할 등이 이루어지는 장소이다.

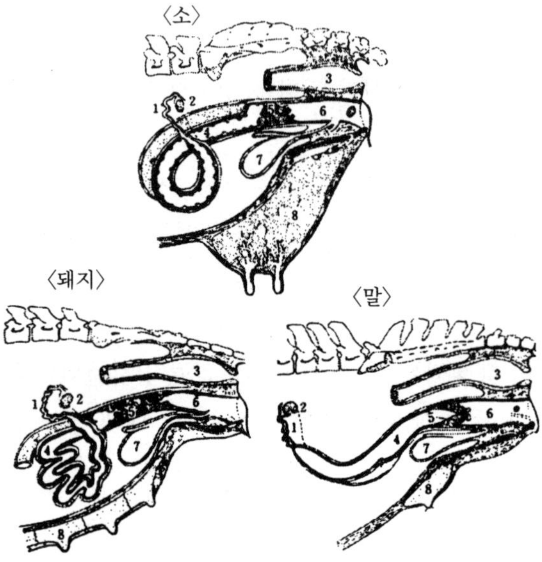

[그림 10-2] 각 가축의 자성생식기(BAUM & ELLENBERGER, 1943)
1. 난관, 2. 난소, 3. 직장, 4. 자궁, 5. 자궁경, 6. 질, 7. 방광, 8. 유선

다. 자 궁

자궁(uterus)은 난관과 질을 연결하는 통로로서 자궁각, 자궁체, 자궁경으로 구성되어 있으며, 자궁액을 분비하고, 수정란이 착상하여 태아로 발육 · 성장하는 장소이다.

라. 질과 외부생식기

질(vagina)은 오줌이 배설되는 통로인 동시에 암컷의 교접기관이고, 외부생식기는 배뇨기관과 생식기관의 말단으로 처녀막(hymen)에 의해 질과 구분된다.

2) 포유동물의 생식세포

(1) 정 자

포유동물의 정자(spermatozoon)는 태아 때부터 출생 후 어릴 때까지 정원세포가 미분화상태로 있다가 성성숙이 되면 분열을 거듭하여 정자형성을 시작하고 형태변화 과정을 거쳐 정자가 완성된다.

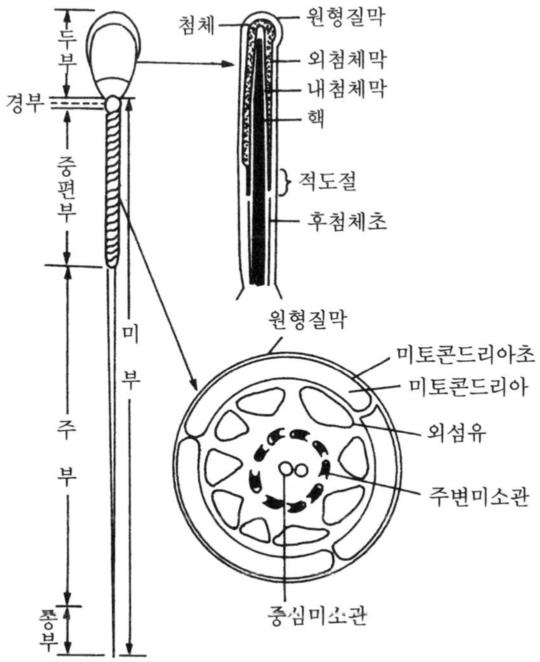

[그림 10-3] 정자의 구조를 나타내는 모식도

가. 정자의 형태와 크기

정자의 형태는 그림 10-3에서 보는 바와 같이 올챙이와 비슷하며, 크게 두부와 미부로 나눌 수 있다. 두부와 미부 사이에는 경부가 있으며, 미부는 중편부, 주부 및 종부로 세분된다. 정자의 크기는 동물 종에 따라서 일정하지 않으나 전 길이는 50~100μm 정도이다.

나. 정자의 생리

정자는 생식기도 내에서는 정지하고 있지만 사출된 후에는 활발하게 운동을 하는 운동성을 갖고 있으며, 일반적으로 운동성을 잃은 정자는 수정능력이 없다.

정자는 해당작용과 호흡작용을 하여 필요한 에너지를 얻고, 수컷의 생식기도 내에서는 30~60일 정도 생존할 수 있고, 암컷의 생식기도 내에서는 20~30시간 생존할 수 있다.

포유동물의 정자는 암컷의 생식기도관 내에서 수 시간 머무는 동안에 생리적, 기능적 변화를 일으켜 성숙이 완성되는데, 이것을 정자의 수정능획득(capacitation)이라 한다.

(2) 난 자

포유동물의 난자(ovum)는 태아 때부터 어릴 때까지 난소 내의 원시난포(primary follicle) 속에 원시난자(primitive egg)로 있다가 성성숙이 되면 긴 휴지상태에서 깨어나 원시난포는 그라

프난포(Graafian follicle)로 성장하고, 원시난자는 제1극체를 방출하고 제2성숙분열중기의 배란 직전의 난자로 성숙한다.

가. 난자의 형태와 크기

난자의 형태는 그림 10-4에서 보는 바와 같이 구형이며, 핵과 세포질이 세포막과 투명대(zona pellucida)에 싸여 있고, 수 층의 과립세포가 투명대의 표면에 부착되어 방사관을 형성하고 있다.

난자의 크기는 동물 종에 따라서 일정하지 않으나 직경이 100~300 ㎛ 정도이다.

나. 난자의 생리

난자의 발달은 난자가 배란된 후 난관을 통과하는 동안에도 계속되며, 정자의 침입을 받아서 비로소 완성된다. 배란 후의 난자의 수정능력 보유시간은 10~20시간 정도로 매우 짧다.

난자는 운동성이 없지만 난관의 운동과 난관액에 의하여 자궁으로 이행된다.

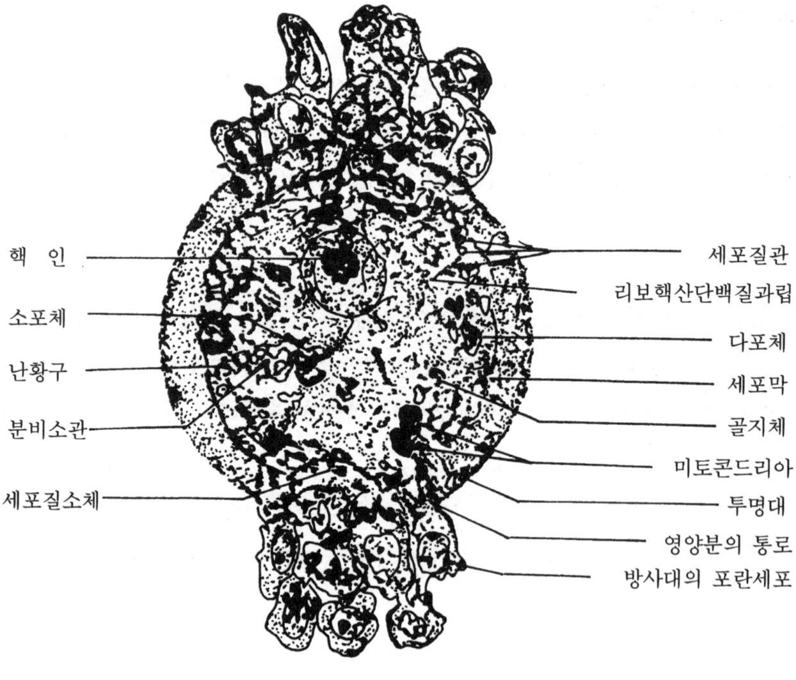

[그림 10-4] 난자의 모형도(Anderson)

3) 성주기

(1) 성성숙

포유동물의 생식선은 오랫동안 휴지상태에 있지만, 일정한 연령과 체중에 도달하면 생식선이 활동을 시작한다. 즉 정소에서는 정자를 생산하고 난소에서는 난자를 생산한다. 이와 같은 생리적 변화를 성성숙(puberty)이라고 한다.

성성숙은 시상하부, 뇌하수체전엽 및 생식선에서 분비되는 호르몬에 의해 조절되고 있으므로 이러한 기관의 생리적 기능에 영향을 주는 환경적 요인과 유전적 요인이 성성숙에 영향을 주게 된다.

(2) 성주기

대부분의 포유동물은 성숙한 암컷이 임신이 되지 않았을 때에는 일정한 간격을 두고 수컷을 받아들여 교미를 허용하는 성욕의 발동인 발정이 반복된다. 이것을 성주기(sexual cycle) 또는 발정주기(estrous cycle)라고 한다(그림 10-5).

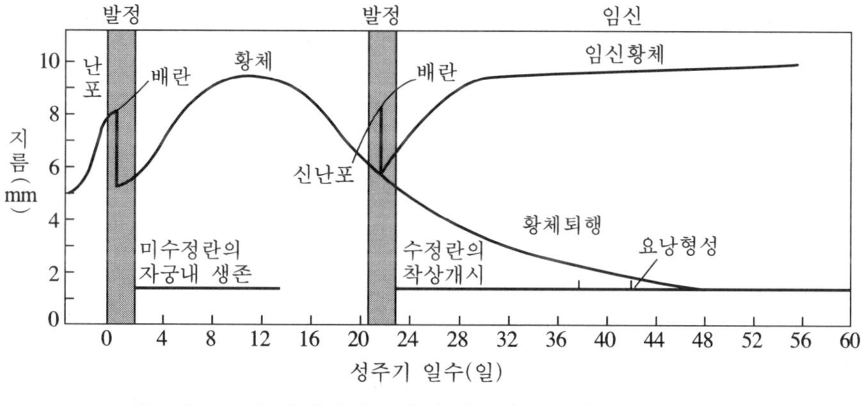

[그림 10-5] 암퇘지에 있어서 난소의 주기적 변화(Dukes)

영장류에서는 발정이 없어서 발정징후가 외부로 나타나지 않으므로 성주기라는 용어는 사용하지 않지만, 배란과 배란 사이에 일어나는 착상적 증식변화의 결과인 월경(menstruation)이 일정한 주기로 반복되므로 월경주기(menstrual cycle)라는 용어를 사용한다.

성주기의 길이는 동물 종에 따라 차이가 많지만 소, 돼지, 염소 등은 16~25일(평균 21일)이고, 마우스, 랫트 등 실험동물은 약 4일이다. 인간의 월경주기는 25~32일(평균 28일)이다.

4) 배란과 수정

(1) 배 란

배란(ovulation)이란 난소가 성숙해서 난포로부터 수정에 필요한 난자가 배출되는 것을 말한다. 배란된 난자는 제1성숙분열을 마치고 완숙 전의 반수의 염색체(haproid: n)를 가진 제2성숙분열중기의 상태로 있으며 많은 난황을 저장하고 있다.

한 성주기에 배란되는 난자의 수는 단태동물인 소, 말, 사람 등은 보통 1개이고, 다태동물인 돼지, 마우스, 랫트 등은 10~20개이다.

(2) 수 정

난자가 수정(fertilization)하는 부위는 난관상부, 즉 난관팽대부이다. 정자와 난자가 만났다고 하여 바로 수정되는 것은 아니다.

배란된 난자는 투명대와 난구세포에 둘러싸여 난관 내에 들어간다. 정액 중의 히알루로니다아제(hyaluronidase) 같은 효소는 난구세포를 분산시키고, 기타 단백질을 분해하는 트립신 양효소(trypsin like enzyme)는 투명대를 용해시킨다. 이러한 과정이 끝나야 비로소 정자는 난자 내에 침입하여 수정할 수 있다. 수정이 완료된 수정란은 난할을 거듭하며 난관을 통과하여 자궁에 진입한다.

5) 착상과 임신

(1) 착 상

수정란은 난관을 하강하면서 분열을 계속하는데, 투명대에 둘러싸여 자궁에 도달하였을 때는 배반포(blastocyst)가 된다. 자궁에 도달한 배반포는 투명대가 소실된 나배(naked embryo)가 되어 자궁벽에 부착되어 새로운 배 발육의 준비를 하게 되는데, 이것을 착상(implantation)이라고 한다.

(2) 임 신

임신(pregnancy)이란 배(embryo)가 모체의 자궁 내에 착상하여 태반을 형성하고 분만할 때까지 발육하는 것을 말한다.

임신기간은 동물 종에 따라 차이가 많지만 표 10-1과 같다.

[표 10-1] 포유동물의 임신기간 (단위 : 일)

구 분	범 위(평균)	구 분	범 위(평균)
말	310~360 (333)	마우스	(19)
소	270~300 (285)	랫 트	(22)
면 양	147~152 (150)	코끼리	600~620 (600)
산 양	147~152 (150)	곰	208~240 (210)
돼 지	(115)	낙 타	315~350 (320)
토 끼	27~30 (30)	다람쥐	28~40
사 람	220~330 (269)	사 자	105~112
나 귀	348~377 (360)	범	105~113
개	58~65 (62)	사 슴	200~210
고양이	63~65 (63)	밍 크	42~53
기니아피그	63~70		

6) 성호르몬

성호르몬(sex hormone)이란 직접 또는 간접으로 생식기를 표적(target)으로 하여 생식 기능과 생식 현상에 관여하는 호르몬을 총칭하는 말이다. 성호르몬은 각 호르몬의 상호작용에 의하여 생식기의 완전한 발육, 성주기의 순조로운 반복 및 임신의 성립과 유지를 지배한다.

(1) 생식선자극호르몬

뇌하수체전엽에서 분비되는 생식선자극호르몬(gonadotropic hormone, GTH)에는 난포자극호르몬(follicle stimulating hormone, FSH)과 황체형성호르몬(luteinizing hormone, LH)의 2종이 있고, 최유호르몬(prolactin)도 분비된다.

FSH는 그 이름이 의미하는 것과 같이 난포를 성숙시키는 것이 주 작용이고, 그 외에도 자성호르몬(estrogen)의 분비를 촉진한다. 또 정모세포를 증식시키는 작용을 한다.

LH는 주로 난소의 황체를 형성하는 작용을 하고, 그 외에도 FSH와 협농작용으로 난포를 더욱더 성숙시키고, 자성호르몬(estrogen)의 분비를 촉진하고, 배란을 하게 하고, 황체호르몬(progesterone)의 분비를 촉진한다. 또 정소의 간세포를 자극하여 웅성호르몬(androgen)의 분비를 촉진한다.

최유호르몬(prolactin, PRL)은 유즙합성과 비유개시작용이 있고, 황체자극작용과 모성애를 발휘하게 한다.

(2) 성스테로이드호르몬

스테로이드 구조로된 성스테로이드호르몬(sex steroid hormone)은 주로 생식선(gonad)에서 분비되며 부생식선(accessary sexual gland)을 표적으로 하여 부생식선을 발달시키고, 수컷의 성욕과 암컷의 발정을 유발시키며, 임신의 성립과 유지를 지배한다.

성스테로이드호르몬에는 웅성호르몬(androgen), 자성호르몬(estrogen), 황체호르몬(progesterone)의 3종이 있다.

웅성호르몬은 수컷의 부생식선을 증식시키고, 수컷의 제 2차적 성징과 성욕을 일으키고, 신진대사를 증진시키는 작용을 한다.

자성호르몬(난포호르몬)은 암컷의 성 행동 및 발정을 유발하고, 암컷의 제 2차적 성징을 일으키고, 유선을 발육시키는 작용을 한다.

황체호르몬은 임신적 증식변화를 일으키고 임신을 유지하도록 하고, FSH와 LH 분비를 억제하여 난포의 발육과 배란을 억제하고 발정을 없애는 작용을 한다.

2. 생식세포 조작에 의한 발생공학적 기술

1) 인공수정

인공수정(artificial insemination, A.I.)이란 자연교미 대신에 인위적으로 수컷에서 채취한 정액을 암컷의 생식기도 내에 주입해 줌으로써 수정시키는 것을 말한다. 인공수정은 최근에 동결정액의 개발로 많은 동물에서 실용화되어 있다.

인공수정은 가축에서는 우수한 수컷을 최대한 이용하여 그 자손을 많이 생산하기 위해 가축개량을 촉진하는 방법으로 활용되고 있고, 사람에서는 불임을 치료하는 기술로 활용되고 있다.

2) 수정란이식

수정란이식(embryo transfer, E.T.)이란 체내 또는 체외에서 수정한 수정란을 다른 개체에 이식하여 수태시키는 것을 말한다. 수정란이식은 최근에 수정란의 동결방법과 미세조작 기술이 개발됨으로써 여러 가지 발생공학적 연구에 많이 활용되고 있다.

수정란이식은 가축에서는 우수한 유전형질을 가진 암컷을 최대한 이용하여 그 자손을 많이 생산하기 위해 가축개량을 촉진하는 방법으로 활용될 뿐만 아니라 수정란의 미세조작 기술을 이용하여 여러 가지 발생공학적 연구에 대량의 수정란을 공급하는데에도 활용되고 있고, 사람에서는 불임을 치료할뿐만 아니라 의학적, 유전학적, 면역학적 연구 등에도 활용되고 있다.

3) 체외수정

체외수정(in vitro fertilization, I.V.F.)은 체내에서 일어나는 수정과정을 인위적으로 체외에서 재현시키는 것을 말한다. 체외수정은 수정현상의 파악을 위한 연구는 물론, 가축의 증식을 위한 기술로 발달되었으며 최근에는 사람의 불임치료기술로도 이용되고 있고 수정란의 각종 미세조작 연구에 필요한 수정란을 대량 공급하기 위해 활용되고 있다.

체외수정에 이용할 많은 난자를 확보하기 위해서는 여러 가지 방법이 있으나 가장 일반적인 방법은 난소에서 채취한 난포란의 체외성숙(in vitro maturation, I.V.M.) 배양법이다.

4) 키메라 배의 작출

유전적으로 상이한 2개 이상의 개체에서 유래하는 조직 · 세포 · 핵 · 염색체 또는 유전자를 내포하고 있는 복합개체를 키메라(chimera)라고 한다.

그림 10-6과 같이 상이한 개체에서 얻어진 2~8세포기 배를 물리적 압력이나 Phytohemaglutinin- P 등과 같은 접착제를 사용하여 상호 응집시킨 복합배를 체외에서 배양하여 배반포기까지 발달시킨 다음 위임신 가친에 이식하여 복합개체를 생산한다.

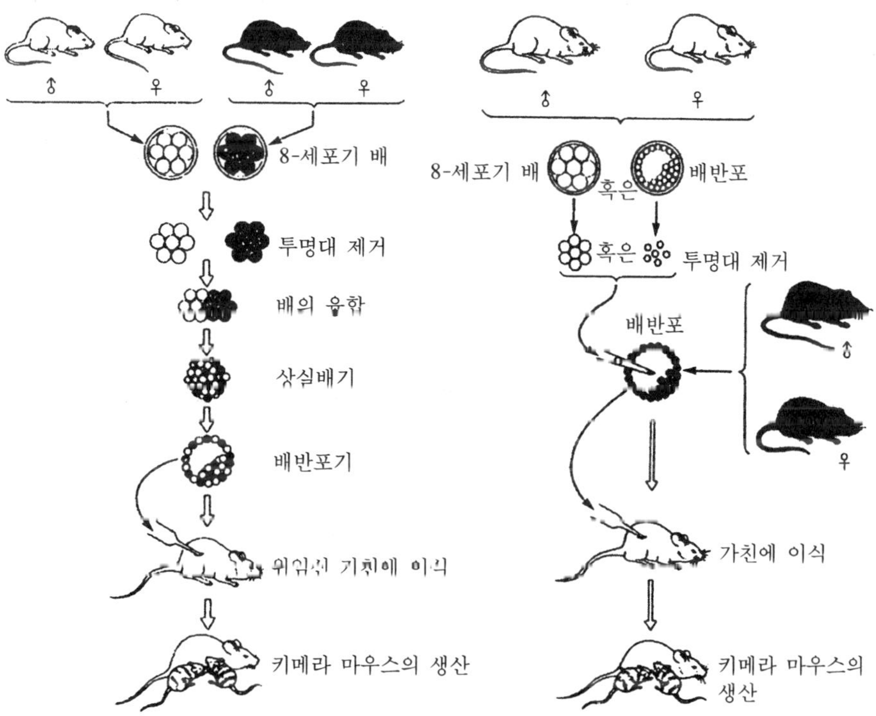

[그림 10-6] 나배의 융합에 의하여 키메라 마우스를 생산하는 과정을 나타내는 모식도

5) 종간잡종

그리스 신화에 나오는 키메라(chimera)는 사자의 머리, 염소의 몸, 뱀의 꼬리를 한 불을 뿜는 괴물인데, 앞에서 설명한 키메라 배가 이름을 먼저 사용하였으므로 종간잡종(hybrid species)은 진정한 의미로는 키메라가 되었어야 할 용어이다.

종간잡종의 작출은 염소 수정란의 4세포기와 면양 수정란의 4세포기 때 각각 분할구 2개씩을 분리하여 혼합분할구를 만들어 배양한 배반포배를 염소에 이식하여 염소도 면양도 아닌 전혀 새로운 개체, 즉 유방과 뿔은 염소이고 털은 면양인 종간잡종을 생산하였다.

6) 복제동물

복제동물(clone animal)이란 생물의 세포를 무성적(asexual)으로 증식시켜 유전적으로 동일한 개체군을 생산하는 기술이다. 복제동물을 생산하는 기술로는 분할구의 배양, 수정란의 절단, 핵이식 등이 있다.

(1) 분할구의 배양과 수정란의 절단

수정란의 분할구(blastomere)는 배반포(blastocyst)기가 될 때까지는 각 분할구의 운명이 결정되지 않고 전능성을 갖고 있으므로 8세포기 이전의 분할구를 분리하여 배양하면 각각의 분할구는 각기 다른 배반포로 발달하고, 이를 이식하면 유전적으로 그 특징이 동일한 개체를 얻을 수 있다(그림 10-7).

8세포기 이상으로 발달한 수정란의 분할구를 절단(spliting embryo)하여 배양하면 각각의 분할구군으로부터 새로운 개체를 얻을 수 있다.

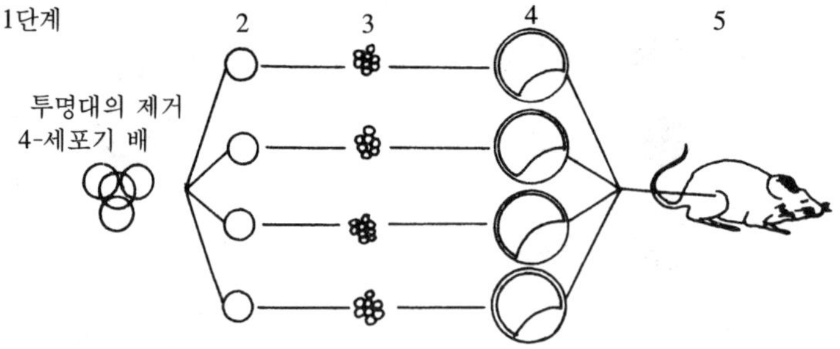

[그림 10-7] 분할구의 분리와 in vitro 배양 및 이식

단계 1. 투명대 제거
2. 분할구 분리
3. 분할구 배양
4. 위임신 가친에의 이식

(2) 핵이식

핵이식 난자의 발생은 자연계에서는 일어나지 않지만 인위적으로는 가능하다. 즉 수정란 내의 전핵을 제거하고 대신 다른 세포의 핵을 이식시킨 난자를 상실배와 배반포배까지 배양한 후 위임신 자궁에 이식하여 정상의 개체로 발생시킬 수 있다(그림 10-8).

7) 형질전환동물의 생산

형질전환동물(transgenic animal)이란 자신의 유전물질에 새로운 유전자가 인위적으로 도입되어 발현됨으로써 새로운 형질을 갖는 전환동물을 의미한다. 따라서 형질전환이 개체 수준에서 나타나려면 새로운 유전자의 도입이 배발생의 초기에 이루어져야 할 뿐만 아니라 도입된 유전자가 배의 유전물질에 안정적으로 삽입되어 배의 유전물질과 함께 유전되어야만 한다. 형질전환동물을 생산하기 위해 외래유전자를 전핵에 주입하는 방법은 재조합 유전자의 전핵내 미세주입법(pronuclear injection), 레트로바이러스(retrovirus) 매개법, 배성 간세포(embryonic stem cell, ES cell) 이용법, 정자세포 이용법 등이 있다.

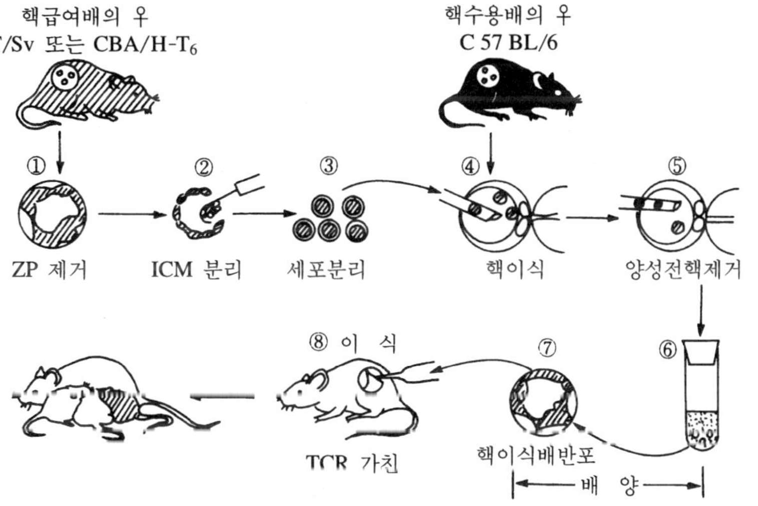

[그림 10-8] 핵이식 조작의 순서(Illmensee 등, 1981)
ICM : 내세포괴(inner cell mass), ZP : 투명대(zona pellucida)

(1) 전핵내 미세주입법

이 방법은 형질전환동물의 생산기법으로 가장 널리 이용되고 있는 방법으로 재조합 유전자가 함유된 극미량의 용액을 수정란의 전핵 내에 주입하는 방법이다(그림 10-9). 도입된 유전자는 수정란 유전물질의 복제과정에서 염색체에 삽입되어 안정적으로 유전된다.

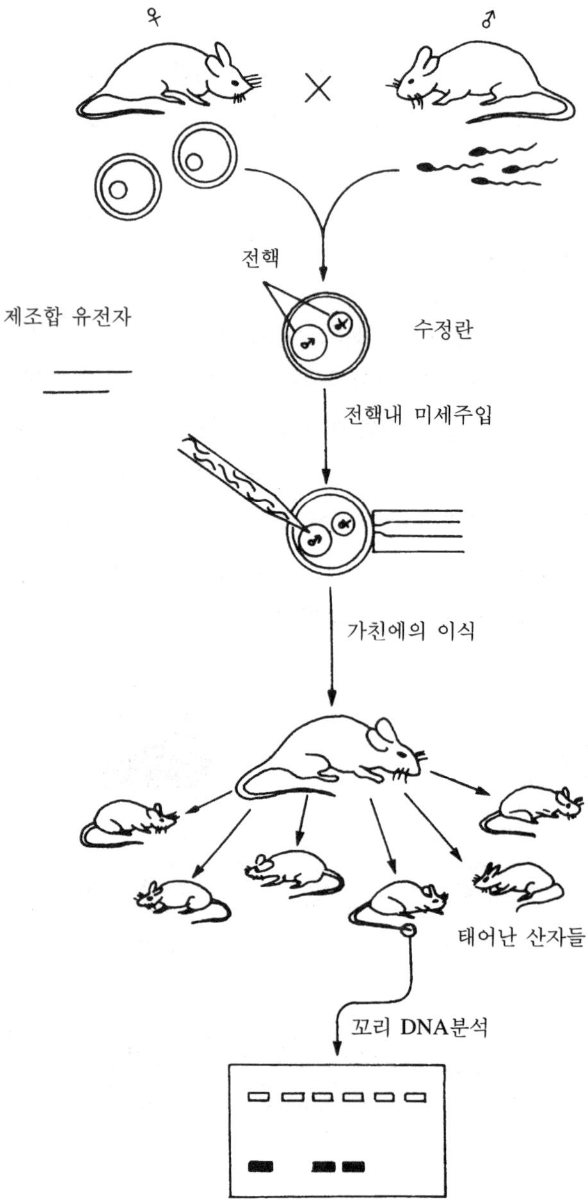

[그림 10-9] 전핵내 미세주입법에 의한 마우스에서의 형질전환동물 생산과정(이경광, 1995)

(2) Retrovirus 매개법

동물세포를 숙주로 이용하는 retrovirus는 증식을 위해서 반드시 숙주세포의 염색체에 삽입되어야 하는 특징을 갖고 있다. 따라서 virus의 독성유전자 부위를 인위적으로 제거하고 재조합 유전자를 virus 유전자에 연결한 후 수정란에 감염시키게 되면 수정란의 염색체에 재조합 유전자를 삽입시킬 수 있다(그림 10-10).

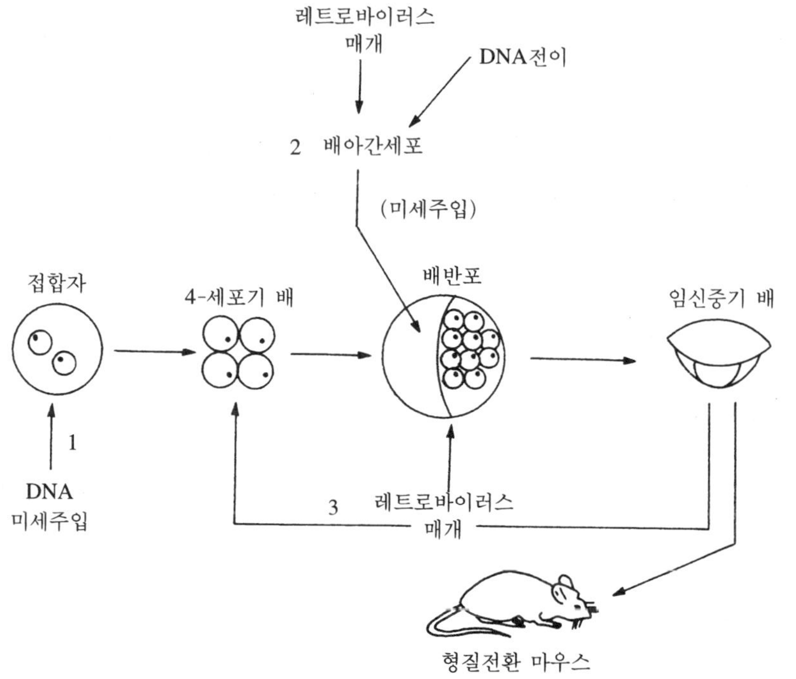

[그림 10-10] 형질전환 마우스를 만드는 방법(이경광, 1995)

1. 수정란에 DNA를 microinjection으로 직접 넣는 방법
2. Embryo를 retrovirus로 injection시키는 방법
3. Embryonic stem cell을 blastocyst에 넣어 chimera를 만드는 방법

(3) ES세포 이용법

ES세포는 배반포기의 배로부터 직접 분리한 분할구로 재조합 유전자가 도입된 ES세포 중 외래유전자가 염색체상의 특정위치에 상동성 재조합을 통해 삽입된 세포만을 선별하여 형질전환동물의 생산에 이용함으로써 특정유전형질이 획득된 형질전환동물 뿐만 아니라 특정형질이 소실된 형질전환동물도 생산할 수 있다.

한편, ES세포는 전능성을 갖고 있는 배반포기를 지나면 신체를 이루고 있는 200여가지의 세포로 분화할 수 있는 만능세포로 뇌신경세포, 심장근육세포, 혈액세포, 뼈세포, 허파꽈리세포 등 이론상으로는 어느 것이나 다시 만들 수 있다. 따라서 ES세포를 이용하면 파킨슨병, 뇌졸중, 간경화, 백혈병 등 인류의 불치병을 치료할 수 있는 기술이 개발될 것이다.

(4) 정자세포 이용법

외래유전자를 정자와 단순히 섞어주거나, 전기적 자극을 주어 정자 내에 삽입한 후 수정을 시킴으로써 형질전환동물을 생산하는 방법이다.

3. 발생공학의 이용

포유동물의 발생공학적 기술개발은 거의 대부분 아직 초기 연구단계에 있으나 인류의 불임치료와 난치병 치료, 가축의 생산성 향상, 희귀야생동물의 보존과 멸종동물의 복원 등에 활용될 것이며, 21세기에 가장 주목 받을 것으로 예상되는 생명공학분야에서 중추적 역할을 할 것이다.

1) 인류의 불임치료

(1) 인공수정(A.I.)

남성불임의 치료방법으로 정자은행(semen bank)이 개설되어 있고, 우리나라에서만 연간 10만명 이상이 인공수정으로 태어나고 있다.

(2) 체외수정(I.V.F.)

주로 여성불임의 치료방법으로 난자은행(ova bank)이 개설되어 있고, 우리나라에서만 연간 수만명이 체외수정란의 수정란이식(E.T.)으로 태어나고 있다.

(3) 정자의 미세주입(intracytoplasmic sperm injection, I.C.S.I.)

체외수정으로 치유할 수 없는 불임환자의 경우 정자를 미세조작현미경으로 난자 내에 직접 주입하는 불임치료방법으로 체외수정 시술환자의 20~30%가 혜택을 받고 있다.

2) 인류의 불치병 치료

극히 일부이기는 하지만 의약품을 생산할 수 있는 형질전환동물이 이미 생산되고 있으며 앞으로 더욱 많은 종류의 의약품이 생산될 가능성이 있고, ES세포를 이용한 인공장기를 생산할 수 있는 형질전환동물도 생산될 가능성이 매우 많다. 또 외부장기이식(Xenotransplantation)기술도 개발되고 있으므로 지금까지 고칠 수 없었던 많은 불치병을 치료할 수 있게 될 날도 멀지 않았다. 따라서 인류의 평균수명은 더욱 더 길어질 것이다.

3) 가축의 생산성 향상

복제동물이나 형질전환동물의 생산기술이 정착되면 가축의 생산성은 크게 향상될 것이다. 예를 들면 가축의 성장촉진, 육질의 개선, 우유의 성분변화, 유즙에서 생리활성물질의 생산, 항병성유전자나 항체유전자를 이용한 내병성 증진 등에 의해 지금까지보다 부가가치가 훨씬 높은 가축의 생산이 가능해 질 것이다.

4) 희귀야생동물의 보존과 멸종동물의 복원

환경파괴, 먹이사슬의 붕괴, 인류의 남획, 근친번식 등으로 멸종 직전에 있는 많은 야생동물의 정자, 난자, 수정란 등은 인공수정, 체외수정, 복제동물 등의 생산기술을 활용하여 대량생산이 가능하고, 동결보존기술을 이용하여 원하는 때에 언제든지 생산이 가능하게 될 것이다.

또한 약 10,000년 전에 멸종되어 지구상에서 없어진 매머드(mammoth) 같은 동물은 북극의 빙하지대에서 매머드 잔해의 DNA만 찾을 수 있다면 복제동물의 생산기술을 이용하여 유전자 주입으로 체세포복제동물의 난포란을 생산하여 코끼리 등에 수정란이식한다면 21세기에 매머드가 복원될 가능성도 있다.

4. 발생공학과 인류의 운명

포유동물의 발생공학이 지금과 같은 속도로 발전을 계속한다면 인류의 운명과 지구의 환경, 특히 지구의 생태계에 어떤 영향을 미칠 것인가? 한번쯤은 생각해 볼 문제라고 생각한다.

지구의 생물은 초기 생명체의 DNA가 수십억년 동안 진화를 거듭하여 온 결과 지금과 같은 고등동물, 그 중에서도 만물의 영장이라는 먹이사슬의 최종 소비자인 인류로 발전되어 왔다.

진화가 일어나기 위해서는 유전자의 돌연변이가 지속적으로 일어나야 한다. 지금까지는 자연상태에서 유전자의 돌연변이가 수백만 분의 1의 확률로 일어났었지만, 앞으로는 인위적으로 돌연변이를 유발할 수 있으므로 생물의 진화속도는 지금까지보다 훨씬 더 빨라질 가능성이 많다.

멘델의 유전법칙이 재발견된 것이 불과 100년밖에 되지 않았지만, 유전공학은 최근 10년 사이에 눈부신 발전을 하였다. 포유동물의 발생공학을 포함하여 생명공학이 최근 10년 사이에 이루어 놓은 업적은 멘델의 유전법칙이 재발견된 후 90년간 이루어 놓은 업적과 비교할 때 너무나도 많은 발전을 하였다. 10여년 전에는 상상도 할 수 없었던 유전자지도의 완성, DNA의 인공합성, 형질전환동물의 생산 등이 실현된 것은 특히 높이 평가할 만한 업적이다.

생명공학의 발달은 식량자원의 생산성 향상, 미생물의 활용과 인공적인 광합성기술의 개발 등으로 인류의 식량문제를 상당한 부분 해결할 가능성이 많다. 또 발생공학적 기술의 발달은 인류의 불임을 치료하고, 지금까지 고칠 수 없었던 여러 가지 난치병을 치료할 수 있을 것이다.

인류는 식량문제를 해결하고, 난치병의 치료기술을 개발함으로써 평균수명이 늘어날 것이므로 인구 피라미드가 점점 더 위쪽이 넓은 항아리형이 될 것이고, 지금까지보다 노인의 숫자가 더욱 많아 질 것이다. 따라서 앞으로는 노령화된 사회를 위한 여러 가지 사회제도와 정책을 개발하여야 할 것이다.

인류는 현재 이 지구상에서 먹이사슬의 최종 소비자라는 특권을 누리고 있지만, 발생공학의 여러 가지 기술을 종합하여 인류보다 훨씬 더 능력이 우수한 새로운 종(new species)을 인류가 작출할 가능성이 매우 많다. 언제쯤 새로운 종이 만들어 질 것인지, 또 새로운 종의 능력이 인류와 비교할 때 어느 정도 우수할 것인지 등은 전혀 예상할 수 없지만, 지금과 같은 속도로 발생공학적 기술이 개발된다면 능력이 인류보다 훨씬 우수한 새로운 종은 언젠가는 반드시 만들어질 것이라고 확신한다. 새로운 종의 출현은 먹이사슬의 최종 소비자라는 특권을 누려왔던 인류에게는 상상도 할 수 없을 만큼 무서운 적이 될 가능성이 매우 많다.

인류는 거의 2억년 동안 지구를 지배해 왔던 공룡이 왜 멸망했는지 아직도 그 의문을 풀지 못하고 있지만, 인류도 공룡과 같이 언젠가는 이 지구상에서 멸망할 것이라는 것은 예측할 수 있다. 인류가 어떤 이유로 멸망하게 될지는 지금으로서는 전혀 예상할 수 없지만, 인류가 시도하고 있는 새로운 종의 작출은 인류멸망의 한 가지 원인이 될 가능성이 충분하다고 생각한다.

제 11 장 동물의 행동

1. 동물의 행동

동물은 주어진 환경에 다양한 방법, 즉 행동으로 대처하면서 살아간다. 이러한 동물행동은 동물의 내부 또는 외부에서 생기는 자극에 대해 동물의 반응을 말하며, 신체의 운동 혹은 신체 일부분의 움직임으로 나타내거나 음향소리(울음소리, 노래) 또는 심리조직의 활동(냄새, 색채 변화) 등으로 나타낸다.

한편, 동물들은 다양하게 인간생활에 영향을 주고 있다. 그들의 행동과 습관을 이용하여 사냥을 하기도 하고 또 해충이나 해로운 동물을 박멸 혹은 수를 줄이는 방안을 수립한다. 또한 동물 행동의 연구를 통해서 인간에게 유익한 동물로도 만든다. 가축을 이해하는 것은 동물행동을 연구하는 사람들에게 있어 중요하고 유익한 일이며 나아가서 그들로부터 최고의 정보를 끌어내고, 그들이 쾌적한 생활을 보낼 수 있도록 배려하는 데도 도움이 된다.

동물행동의 연구는 자연보호의 관점에서도 아주 중요하다. 여러 가지 서식환경이 인간의 개발로 인해 놀라운 속도로 파괴되어 가고 있으며, 그에 수반하여 점점 많은 종이 멸종위기에 처해 있다. 그들의 생태와 행동에 대한 자세한 이해에 의해서만 개체군의 보호나 관리가 확실해지기 때문이다.

이러한 동물행동은 야외뿐만 아니라 실험실에서도 연구가 수행되고 있다. 다시 말하면 자연에서 동물의 행동을 관찰하지만, 실험실에서도 자연과 같은 환경을 만들어 놓고 관찰하기도 하고 또 실험장치를 만들어 놓고 연구하기도 한다. 행동을 관찰, 기록하기 위해서는 무한한 인내뿐만 아니라 그들의 행동을 방해하지 않고 접근할 수 있는 주의력과 기술이 필요하다. 이런 작업을 위해 비디오로 녹화도 하고 또 사진을 찍어 분석도 한다. 뿐만 아니라 소리를 녹음하여 실험실에 가져와 분석을 한다. 녹음된 소리를 다시 동물에게 들려주고 동물이 그 소리에 어떻게 반응하는지도 연구한다.

동물행동에서 연구하는 대상은 동물이 먹이를 찾아내는 방법, 포식자로부터 피하는 방법, 그리고 몸을 숨기기 위한 방법, 이동방향을 알기 위한 항로결정, 동물 상호간의 구애행동이나 공격행동, 유전적 요인과 학습적 요인을 포함한 행동의 진화, 행동의 발생 등을 연구한다. 그리고 동물의 사회적 행동도 흥미있는 분야이다. 종의 사회구조, 예를 들어 일부다처제인가 혹은 일부일처제인가를 연구하기도 한다. 그리고 이들의 서열제를 알아보는 것도 이런 사회구조를 연구하는데 도움이 된다.

2. 동물행동의 특징

모든 동물은 먹을 것을 찾거나 신체 상태를 정상으로 유지 혹은 적을 피하려하는 등의 행동을 수행함으로써 삶을 유지한다. 뿐만 아니라 동물에 따라 서로 다른 간격을 두고 번식을 함으로써 그가 속하는 종의 영속을 보장하는데 기여한다. 이와 같이 신체 운동으로 나타나고, 바꿔 말하면 행동은 동물이 살아가는 하나의 생활 방식이다.

동물이 나타내는 행동은 그 동물의 신경계의 구조나 감각기관의 정교한 정도 또는 내분비기관의 활성과 서식환경에 적응한 결과로서의 형태(크기, 채색)에 따라 달라진다.

그리고 호르몬도 동물행동에 영향을 미친다는 사실은 곤충과 척추동물(특히 새와 포유류)을 대상으로 한 실험으로 확인되고 있다. 호르몬은 행동의 '내부 동력'의 하나가 되기 때문에 중요한 구실을 한다. 호르몬 중에도 그 기능이 가장 잘 알려진 것은 성호르몬이다. 성호르몬은 적절한 외부 흥분 원만 있어도 그 동물이 교미 행동을 하도록 유도한다.

마지막으로 온도, 조도, 강우량 등의 비생물학적 요인들도 직 · 간접적으로 행동에 영향을 줄 수 있다. 예를 들면 온도는 동물의 선호행동을 유발하는데 바로 그 동물이 살기에 이상적인 조건을 나타내는 장소를 찾도록 하는 것이다. 그래서 도마뱀은 열에 유인되고, 봄에 온도, 강우량, 바람 등이 불리해지면 댕기물떼새와 검은지빠귀 그리고 붉은 목울새로 하여금 이주하도록 유인한다. 이러한 이주는 호르몬에 의한 것 뿐 아니라 내부 리듬에 의해서도 영향을 받기도 한다. 뜨거운 사막에서 대낮에 기온이 올라가면 척추동물은 대개 그늘 밑으로 가거나 혹은 바위나 어떤 식물 뒤쪽으로 이동하는 것이 이들 이유 때문이기도 한다.

동물행동의 형성을 시기적으로 나누어 보면 두 가지로 구분할 수 있다. 첫 번째는 선천적으로 물려받아 처음부터 비교적 완전한 모습으로 나타나는 행동으로 이것을 생득적 행동이라 하고, 두 번째는 동물이 자람에 따라 점차 발전하여 완성되는 것으로 획득행동이라 한다.

생득적 행동에 속하는 것에는 본능적 동작(본능적 행동)과 무조건 반사를 들 수가 있는데, 먼저 본능적 행동은 그 동물이 속하는 종에 따라 독특한 특성을 나타낸다. 즉 본능적 행동은 그 동물이 어버이에게서 물려받아 선천적인 모든 특성 가운데 하나가 된다. 그리고 이 행동은 고정불변인 것 같으나 흔히 성숙 과정을 거치며 일정한 변화를 겪는다. 즉 생득적 행동인 본능적 행동은 흔히 후천적인 학습에 의해 보완되는 경우도 있다. 모든 본능적 행동은 내부적 흥분에 대한 반응(배고픔 따위)이긴 하나 흔히 외부적인 자극에 대한 반응일 수도 있다. 본능적 동작(본능적 행동)의 예는, 어린 뻐꾸기가 겨울을 나기 위해 아프리카로 떠날 때 그 행로의 방향을 이미 알고 있는 것으로, 이 사회적 행동 역시 분명히 본능이다. 한편, 무조건 반사는 신경계를 갖는 동물이 외부자극에 대해 자동적으로 반응을 나타내는 것으로 무릎반사나 눈깜박이 반사처럼 어떤 자극을 주었을 때만 일어나므로 본능적 동작과는 차이가 있다. 이러한 조건반사는 보통 동물을 훈련시키는데 적용된다.

획득행동이란 동물에게 어떤 반응을 유발시키면, 그 반응에 영향을 받아 행해지는 행동을 말하며, 후천적으로 얻어진다. 여기에는 조건반사, 습관, 시행착오, 모방, 놀이 및 각인 등이 있다. 먼저 러시아의 과학자 파블로프는 개에게 고기를 주면서 침을 흘리는 반응을 연구했는데, 이때 종을 여러 번 쳐주었다. 이를 되풀이하다가 고기를 주지 않고 종만 쳐도 개는 침을 흘리는 것을 관찰하게 되었다. 이와 같이 침을 흘리는 것은 종소리 같이 외부에서 만들어준 조건에 의해 이루어진 결과로 이를 조건반사라 한다. 습관이란 동물이 처음으로 자극을 받았을 때에는 반응을 일으키나 그 자극에 점점 익숙해져서 그 반응을 더 이상보이지 않는 행동을 말한다. 한편, 동물은 어떤 일을 여러 번 해보고 나중에 그 중에서 가장 유리한 행동만을 거듭하는 것을 시행착오라고 하며, 경험이 없어도 다른 동물이 하는 행동을 보고 똑같이 따라하는 것을 모방이라 말한다. 또한 척추동물의 소수 종에서만 볼 수 있는 놀이 행동이 있으며, 병아리가 알에서 깨어났을 때 먹이를 주러 온 사람을 자란 후에도 어미로 알고 따르는 현상은 병아리가 어렸을 당시 그 사람을 각인해 놓았기 때문이라고 알려져 있다.

이러한 동물의 행동은 개체 혹은 여러 마리가 모여 집단 혹은 조직을 이루면서 나타나게 된다.

먼저 동물의 개체의 행동이란 동물들이 적절한 기능 상태를 유지하도록 하는 모든 행동을 말하는데, 여기에는 먹이를 찾는 행동이나 먹이의 소비 또는 용변 그리고 휴식에 관한 모든 행동이 포함된다.

두 번째는 사회적 행동인데 대부분의 동물의 종들은 주로 생식(짝짓기와 새끼 기르기)을 위해 일생을 통해 여러 번 동료와의 만남을 갖는다.

동물의 사회성이란 관련된 행동들이 종 내에서 의사소통의 관계를 이루었을 때를 의미한다. 이러한 의미에서 사회적 행동은 동료들 사이에서 일어나는 제반활동을 말한다. 결국 생물학적으로 중요한 의미를 갖는 동종 내에서의 공격행동 역시 사회적 행동의 범주로 다룬다.

이러한 사회적 행동의 종류에는 싸움행동, 성적행동, 양육행동, 집단행동 등이 있다.

싸움행동은 기능적으로 공격과 도피로 분류되는데, 가장 광범위한 의미로 공격행동은 공격적인 모든 행동을 내포하고 있다. 여기서, 공격적인 행동이란 공격 준비, 공격성 혹은 공격충동으로써, 한 동물에 내재되어 있는 동인을 가리킨다. 이 공격행동은 종 내에서는 물론 종간의 개체들에서도 나타난다. 종간 공격은 마실 물, 먹이 혹은 둥지 자리를 놓고 방어행동과 경쟁행동을 포함하고 있다. 반면에, 종내 공격은 같은 종의 개체가 먹이나 배우자와 같은 경쟁 대상물을 놓고 일어나는 경쟁의 결과에 한정하고 있다.

성적행동은 생물의 기본 현상 가운데 하나이다. 몇몇 하등한 생물을 제외하고는 성분화와 생식에 대해 거의 모든 생물체에 잘 알려져 있다. 한 세대 혹은 여러 세대를 단지 무성생식, 즉 이분법이나 출아법으로 번식할 수 있는 종이 있지만 이런 종에서도 규칙적 내지는 불규칙적 간격으로 세대교번이 일어난다. 성적 행동의 생물학적 의미는 모든 생물체에서 일치하고 있다. 그러므로 성적행동은 생물체 변화에 대한 전제 조건이 되며, 이것은 다시 환경에 대한 적응의 결과이자 생물체 자체에게는 고도로 발달을 가능하게 한 기본적 원동력이 된다. 이러한 의미에서 가장 중요한 과정은 난자와 정자의 핵융합인 수정인 것이다.

이것은 교미가 전제된다. 즉 수정은 정자가 난자의 세포막을 뚫고 들어가는 것이고 교미는 수컷의 생식기와 암컷의 생식기가 합쳐지는 것을 의미한다. 교미행위에 이르게 하는 제반 행동에는 구애와 짝짓기가 있다. 짝짓기는 짝형성과 짝유대로 구분될 수 있는데, 짝형성은 짝유대를 위한 암수의 만남이라고 한다면 짝유대는 암수의 지속적인 짝유지를 내포하고 있다. 동물들은 성공적인 교미를 위해 형태적, 생리적 그리고 행동적 일련의 조건이 전제된다. 이 가운데 다음과 같은 행동영역의 요구가 전제될 수 있다.

① 배우자는 종과 성을 서로 인식해야 한다.
② 배우자는 서로 만나 자신들의 생식기를 합쳐야 한다.
③ 배우자는 동시에 교미 준비, 즉 정확한 동조가 일어나야 한다.
④ 배우자는 종 내의 공격성을 극복해야 한다.

양육행동은 거의 모든 동물에서 나타나고 있다. 가장 하등한 다세포동물인 해면동물이나 강장동물도 스스로 간단한 형태의 양육행동을 하는 것이 알려져 있다. 물론 하등 무척추동물 내에서 양육행동은 하나의 예외적인 현상으로 나타난다. 양육행동도 다른 사회적 행동과 같이 동료 간의 의사소통에 필요한 수단을 요구한다. 이로써 다양하고 고도로 발달된 행동양식들이 생겨나게 되었다. 이들은 두 가지 주요한 목적과 일치하고 있다. 그것은 종 내의 공격성을 누그러뜨리는 것과 먹이 인도의 개시 및 실행에 있다. 이러한 양육 혹은 새끼 돌보기의 목적은 자손의 생존 기회를 높여주고 그렇게 하여 다음 세대에 자신의 유전자 몫을 남기거나 높이고자 하는데 있다.

마지막으로 집단행동은 일반적으로, 많은 동물 종들은 쌍의 개념을 넘어서 성적으로 성숙한 동종의 개체들이 일정기간 혹은 지속적으로 집단을 이루며 산다. 이런 사회 집단의 기능과 연령별 그리고 성별 조성은 동물의 종마다 매우 다양하다.

이 집단행동의 유형에는 적의 호피(상호경계, 혼란효과, 협동방어), 먹이 획득(협동사냥, 정보교환), 번식, 집짓기, 분업 등이 있다.

한편, 동물 특히 가축의 행동은 대부분 연속적으로 일어난다. 따라서 이것들을 별도로 취급하지 않고 일련의 행동으로서 이해해야 하는 경우가 많다. 이러한 일련의 행동을 시스템이라 하고, 연속적으로 행동을 1시스템으로 정의하기도 한다.

대표적인 예로 방목하는 소의 채식(彩食)행동은

① 목적지로 향함
② 주위를 탐색함
③ 목초를 선택
④ 채초(彩草)
⑤ 채식을 일시 중지
⑥ 다시 채식
⑦ 다시 채식 중지
⑧ 보행
⑨ 휴식
⑩ 반추의 행동형을 되풀이 한다.

이러한 행동을 시스템 중의 일련의 행동으로서 선구(先驅)행동(①~③), 완료(完了)행동(④~⑥), 후행동(⑦~⑩)으로 나눌 수 있다.

기타 가축의 행동을 표 11-1에 제시하였는데, 각자 독특한 일련의 행동시스템을 나타내고 있다.

[표 11-1] 동물행동의 시스템

단위시스템	선구행동	완료행동	후행동	비 고
섭식행동	먹이찾기	채식	먹고남은것저장	고양이
음수행동	찾기	음수	혀로핥기	소
휴식행동	원을그림	졸기	기지개를켬	개
탐색행동	접근하기	냄새맡기	후퇴하기	말
배설행동	킁킁냄새맡기	배변	흙으로덮기	개
몸단장행동	몸을조기	동기	도피	닭
지역확보행동	우는소리를크게	부동사세	상내를노려봄	닭
투쟁행동	위협	머리받기	몸단장	양
교미행동	접촉 · 구애	교미	옆으로눕는다	소
집짓기행동	짚을모음	집만들기	새끼로부터떠남	토끼
새끼보기행동	새끼핥기	흡유를기다림		양

(송영한, 1996)

3. 동물의 의사소통

학자들에 의하면 동물은 여러 가지 방법에 의해 자기의 의사를 남에게 전달하는데, 어류는 약 10~15가지, 조류는 15~25가지, 포유동물은 20~40가지 신호를 사용한다고 한다. 동물 중에서 의사소통이 뛰어난 것으로 알려진 고릴라는 야생(野生)에서 25가지의 울음소리와 약 15가지 정도의 표정으로 자신의 생각이나 감정을 표현해 다른 개체와 의사를 교환하는 것으로 알려져 있다. 1972년 미국 스탠퍼드 대학에서 코코(Koko)라는 암 고릴라는 수백 가지 신호를 학습하여 인간과의 의사소통에 성공하기도 했다. 이와 같이 동물의 의사전달 방법은 대체로 소리, 행동(형태), 냄새, 접촉 등이 있는 것으로 알려져 있다.

1) 청각적 의사소통(소리)

한밤중 야영하면서 홀로 모닥불 앞에 앉아 있을 때 늑대가 울부짖는 소리를 들으면 섬뜩함을 느낀다. 그러나 그 늑대는 사람에게 겁주려는 의도는 전혀 없다고 한다. 단지 자신의 위치를 알려 다른 늑대가 자신의 영역 안으로 들어오지 못하게 하려는 것이다.

표범의 암컷과 수컷은 번식기에만 함께 지내기 때문에 동물원에서 번식시키기가 어렵다. 2000년 러시아 모스크바 동물원의 수의학자 에고로브와 노빈코바 박사는 표범의 번식기를 알아내기 위해 소리분석장치와 컴퓨터를 이용, 표범 수컷의 여러가지 소리를 분석했다. 그 결과 대략 8가지 형태의 음성을 분리해낼 수 있었다. 특히 암컷의 발정기 냄새를 맡았을 때 내는 수컷의 소리 파동이 다른 때와는 뚜렷이 구분된다는 사실을 확인했다. 이 사실은 곧바로 모스크바 동물원에서 이용됐다.

동트기 직전, 남미 밀림에서는 원숭이들이 시끄럽게 짖는 소리를 들을 수 있다. 소리는 목구멍에 있는 큰 공기주머니에서 나오는데 1km 밖에서도 들릴 정도로 크다. 이들이 이른 아침부터 이처럼 시끄러운 소리를 내는 이유는 다른 원숭이 무리가 가까이 접근하지 못하게 경고해 먹이를 안전하게 지키기 위해서라고 한다.

과학자들은 동물이 내는 소리 속에 어떤 뜻이 담겨져 있는가에 관심을 기울였다. 서배너원숭이를 대상으로 이들이 내는 경계음을 녹음해서 무리가 사는 숲 속에 감춰 놓고 들려주는 실험을 했다. 비교적 긴 음조로 구성된 소리에 대한 원숭이의 반응은 한결같이 곧바로 나무 꼭대기로 피하는 것이었다. 이 소리는 표범이 나타났으니 나무로 올라가라는 의미였던 것이다. 짧은 음조로 구성된 소리는 매의 출현을 알리는 신호로, 원숭이들이 모두 하늘을 쳐다보며 덤불 숲으로 피신했다. 또 짧게 단절된 음으로 구성된 소리는 뱀이 나타났다는 의미로, 무리들이 땅 아래쪽을 살펴보는 행동을 취했다. 즉 이들이 내는 경계음은 위험 발생의 예고뿐만 아니라 위험의 실체에 대한 정보까지도 포함하고 있었다고 한다.

새도 언어가 있다. 휘파람새는 상황에 따라 다르게 노래를 부른다. 배우자인 암컷에게는 길고 짧은 음을 절반씩 섞어서 부른다. 하지만 경쟁자인 이웃 수컷이 나타났을 때는 긴 음으로 노래를 불러 "이곳은 내 땅이니 빨리 나가줄 수 없겠니"라고 표현한다고 한다. 또한 자신의 영역에 개나 사람과 같은 외부 침입자가 가까이 다가오면 휘파람새는 곧바로 둥지로부터 어느 정도 떨어진 안전한 지점으로 날아가 소리를 내는데 마치 둥지가 있는 것처럼 속여 적을 따돌리기 위해서다. 이처럼 새의 경우 같은 종에게 보내는 언어와 이를 알아듣지 못하는 외부 침입자에게 보내는 언어가 다르다고 한다.

들꿩과에 속하는 뇌조 수컷은 짝을 찾기 위해 속이 빈 통나무 위에 올라가 날갯짓을 해 북소리 비슷한 소리를 낸다. 날갯짓 소리는 속이 빈 통나무에서 증폭돼 4분의 1 마일 밖에서도 들릴 수 있게 된다. 혼자 살기를 좋아하는 뒤쥐는 반대 이유로 북소리를 낸다. 머리로 자신들의 굴을 두드림으로써 다른 뒤쥐가 자신의 통로로 오지 못하게 한다는 것이다.

북치는 소리는 물 속에서도 들을 수 있다. 많은 물고기들이 특수한 부레(물고기가 물 속에서 뜰 수 있게 하는 공기주머니)를 가지고 있는데 어떤 물고기들은 이 부레를 진동시키는 근육을 가지고 있으며 이것으로 북소리 비슷한 소리를 낸다고 한다.

개, 고양이, 박쥐, 두더지, 돌고래 등은 사람이 듣지 못하는 높은 소리나 초음파를 들을 수 있다. 반면 코끼리는 인간이 듣지 못하는 낮은 소리를 들을 수 있다. 코끼리가 내는 이같은 낮은 소리는 멀리서도 들려 냄새를 맡거나 눈으로 볼 수 없을 정도로 멀리 떨어진 코끼리가 무리에서 이탈하지 않도록 한다는 것이다.

2) 시각적 의사소통(형태 혹은 행동)

동물은 의사소통을 위해 다양한 방법의 접촉을 사용하는 것으로 밝혀져 있다. 침팬지는 서로 손을 두드리며 인사를 하며 많은 영장류는 친밀감을 표시하기 위해 혹은 털에 묻은 먼지나 벌레를 털어 주기 위해 쓰다듬는다고 한다.

코끼리는 신호를 보내기 위해 몸통을 사용하는 것으로 알려져 있다. 아기 코끼리는 엄마의 관심을 원할 때 몸동을 든다. 고릴라는 깜짝 놀랐을 때 가만히 서서 머리를 앞뒤로 흔든다. 이는 당신을 해칠 의사가 없다는 표시이다.

춤도 의사표시의 수단이다. 대표적으로 벌의 경우 정찰 벌은 꿀을 찾고 돌아와서 동료들에게 8자 모양의 꼬리 춤을 춘다. 이 때 춤의 방향은 꿀이 있는 방향, 춤의 속도는 꿀이 있는 곳까지의 거리 정보를 담고 있다. 실제로 독일 막스 플랑크 연구소는 수년 전 꿀벌 로봇을 만들어 춤을 추게 했다. 그리고 춤으로 알려준 장소에 가서 기다렸더니 정말 벌들이 그곳으로 날아왔다고 한다. 많은 새들도 의사소통을 위해 춤을 추는데 대부분 짝짓기를 위한 것으로 알려져 있다.

곰과 호랑이 중 일부는 가능한 한 높은 곳의 나무를 긁어 표시를 남긴다. 뒤따라오는 곰이나 호랑이가 그 정도의 높이에 닿을 수 없을 경우 그 표시를 남긴 곰이나 호랑이가 더 크고 센 놈이라는 것을 알려주는 신호라고 한다.

3) 화학적 의사소통(냄새)

동물이 자신의 존재를 알리는 다른 수단은 냄새이다. 한 예로 영양은 눈 주위에 독특한 냄새 분비기관을 갖고 있어 자신의 영역을 표시하기 위해 그것을 나뭇가지에 문지른다고 한다.

개미는 기본적으로 화학물질에서 나오는 냄새로 의사소통을 한다. 여왕개미는 다른 종류의 화학물질을 만들어 그것을 일개미에게 접촉시킴으로써 지시를 내린다. 그 화학물질의 냄새에 따라 숲을 가로질러 행진을 한다거나 밤을 지샐 곳을 마련하라는 등의 의사가 일개미들에게 전달된다고 한다. 먹이를 물고 집으로 돌아가는 개미는 자기 배의 끝부분을 땅에 끌며 걸어간다. 이는 바로 먹이로부터 집까지 냄새 길(chemical trail 또는 odor trail)을 그리는 것이다. 다른 일개미가 곧바로 냄새 길을 따라 먹이가 있는 곳으로 갈 수 있도록 하기 위한 것이다. 개미가 냄새 길을 그릴 때 사용하는 화학물질은 일종의 페로몬(pheromone)이다. 개미가 만드는 페로몬의 종류는 무척 다양한데 냄새 길 페로몬(trail pheromone)은 대개 배 끝에 있는 외분비샘 중 하나에서 만들어진다고 한다.

둥근꼬리여우원숭이는 싸우기 위해 냄새를 사용한다. 다른 놈이 자신의 영역으로 들어오지 못하게 경고하기 위해 꼬리를 팔에 비빈다. 그러면 팔에 있는 특수한 분비기관에서 냄새를 풍기는 물질을 만들어 꼬리로 모이게 한다. 그리고 경고의 표시로 침입자를 향해 꼬리를 쳐 냄새를 풍긴다고 한다.

4) 촉각 의사소통(접촉)

동물은 신체적인 접촉을 통해 의사를 전달하는 경우가 있다. 새들이 서로 깃털을 쓰다듬는데, 이것은 상대방에 대한 신뢰와 유대를 확인하는 구실을 한다. 꿀벌의 경우에도 척후병이 외부에서 먹이가 있는 곳을 찾아내고 돌아와서 춤으로써 먹이의 방향과 거리를 나타내는데 다른 벌들은 촉각으로 이 춤추는 벌을 건드린다. 또한 영장류 중 원숭이 등은 손톱, 입술 및 치아로서 상대방의 털을 훑어내고 더러운 것을 닦아내는데 이들도 서로 접촉에 의한 사회적 유대를 유지하는 구실을 한다.

이상 동물의 의사소통 수단은 양적이나 질적인 면에서 인간의 언어와 비교할 수 없을 정도로 단순하고 초라하다. 그에 반비례해서 바우링걸 같은 동물의 의사 파악 도구가 다른 동물로 계속 확산될 가능성은 더 커질 것이다.

제 12 장 동물 실험과 복지

1. 동물 실험

1) 동물 실험(실험동물, animal experimentation)

인간은 생명체이기에 결국 언젠가 죽어야 할 존재이다. 그러나 자연사가 아닌 다른 요인에 의해 사망한다면 생명을 더 연장시킬 수 있을 것이다. 이를 위해 행해지는 동물 실험은 동물을 사용하여 의학적인 실험을 행하여 생명현상을 연구하는 일로, 실험동물은 원생동물에서 포유동물 영장류까지 포함되나 사람은 제외된다.

좁은 뜻의 동물 실험은 의학에서 인체를 대상으로 하여 실험이나 관찰을 행하는 대신 동물을 사용해서 인체와 동일한 조건 하에서 행하는 실험을 가리키는 말이다. 이러한 경우에 실험동물을 선발할 때에는 가장 편리한 동물을 선정하는 경우와 될 수 있는 대로 인류와 가까운 동물을 골라 실험하는 경우가 있다. 후자의 경우에도 그 실험 성적을 결코 그대로 인체에 응용할 수 있는 것은 아니다. 이 때문에 2종 이상의 고등동물을 사용하여 그 실험 결과를 해석하는 등 여러 가지 시도가 행해지고 있다.

2) 동물 실험의 필요성

의학자가 동물을 의학 연구에 사용하지 않았더라면 세상은 지금과 아주 다를 것이다. 동물 연구에서 얻은 많은 지식이 우리를 병으로부터 보호하여 현재 우리의 존재를 가능케 하였다. 동물을 이용한 많은 생명과학의 정보들은 유전의 비밀을 풀게 하였고, 뇌 연구에 빛을 주었으며, 또한 AIDS와 같은 질환을 알아내게끔 하였다.

그러나 이러한 노력에도 불구하고 최근 들어 동물 실험에 대한 반대가 많아 동물을 이용한 연구에 상당한 어려움을 겪고 있다. 동물 실험을 반대하는 사람들은 연구에 사용되는 동물이 윤리적으로 다루어져야 한다고 주장할 뿐만 아니라 심지어는 동물을 이용한 식량 생산 혹은 가축을 육종 개량하는 것까지도 반대하는 입장을 취하고 있다. 이런 사람들의 일부는 동물 실험이 인간이나 동물의 건강 증진에 아무런 도움이 되지 않는다고 주장한다. 간혹 동물을 잘못 다루거나 필요치 않은 동물 실험을 수행하여 비난받는 과학자들도 있는데, 동물 실험이 사람과 동물의 건강증진에 이익이 되기에 연구가 계속되어야 하므로 실험에 사용되는 동물은 최대한 윤리적이고 꼭 중요한 연구에만 사용되어야 한다. 또한 동물 실험에 사용한 동물의 수를 최소한으로 줄이려고 노력하고 있으며, 동물을 사용하지 않는 다른 방법의 개발에 노력하고 있다. 동물을 사용하지 않으면 연구에 상당한 제약을 받는 분야에서는 실험계획을 다시 확인하여 실험에 사용되는 동물의 수를 줄이려고 노력하고 있다. 신약을 개발할 경우에는 먼저 동물 실험을 대신할 수 있는 세포를 이용한 연구과정에서 명확하게 독성이 확인된다면 동물 실험이 필요하지 않다.

그러나 우리가 동물 실험을 하는 이유는 크게 세 가지로 논할 수 있다. 첫째로는 새로운 약품이나 수술기법 등이 개발되었을 경우 사람에게 직접 사용하는 것은 비윤리적이라고 생각한다. 왜냐하면 좋은 점 보다 해로울 가능성도 있기 때문이다. 따라서 신약이나 새로운 수술기법은 먼저 동물에게 시험하는 것이 안전하고 효과적이며 윤리적이라고 생각된다.

둘째로는 과학적으로 동물 실험이 아니면 얻어 낼 수 없는 정보가 있기 때문에 우리는 동물 실험을 계속하고 있다. 예를 들면 안구의 질환을 연구하기 위하여 세균을 이용할 수 없고, 고혈압은 심장이나 맥박이 없는 원충류 혹은 관절염은 뼈와 관절이 없는 조직배양에서는 연구를 할 수 없기 때문이다. 또한 동물 실험은 사람에게 제어가 불가능한 조건을 재현하는 연구도 가능하게 해준다. 실험동물에서는 동일한 영양분을 공급하여 사육할 수 있으며 동일한 조건에서 얻어진 결과를 동시에 측정할 수도 있다.

셋째로는 동물 실험을 통하여 얻은 유용한 정보가 동물의 복지를 위하여 사용될 수 있기 때문이다. 많은 동물을 희생하여 사람의 질병 예방과 치료에 사용된 방법이 동물에게도 그대로 적용된다. 즉 사람에게 사용되던 백신, 항생제, 마취제, 수술 방법 등이 지금은 수의학에서도 보편적으로 쓰여지고 있다. 애완동물, 가축 그리고 동물원에서 사육되는 야생동물이 더 오래 장수하고, 더욱 안락하게 지낼 수 있는 것은 동물 연구의 결과다. 또한 많은 경우의 치료법은 동물만을 위하여 개발되었다.

3) 동물 복지를 고려한 실험

현재 세계 각국에서 동물 애호가들은 동물의 관리, 실험동물의 사용법 및 동물의 복지에 관한 연구의 결과를 기초로 동물 실험의 표준 지침을 작성하여 동물 실험을 윤리적으로 수행하고자 노력하고 있다. 이들이 주장하는 동물보호 윤리는 동물도 상처받을 수 있으며, 고통과 두려움을 느낀다는 사실을 전제로 한다.

그러나 동물 실험은 인간의 고통을 덜고 질병의 치료와 예방을 목적으로 하는 의학연구에서 배제될 수 없기 때문에 인간의 고통을 줄이기 위해 동물이 고통을 당하는 것이다. 그렇다고 인간의 고통을 줄인다는 목적이 모든 수단을 무조건 정당화하는 것은 아니다. 자신의 목표와 목적을 위해 다른 생명체나 동물에게 고통을 가하거나 생명을 빼앗는 것이 윤리적으로 정당할 수 없다. 즉 세포배양, 박테리아 배양, 하등의 유기체 및 식물 등을 이용하거나 컴퓨터 혹은 현대의 물리화학적 연구방법을 동원함으로써 가능한 방법이 있음에도 불구하고 대체방법을 충분히 고려치 않고 시행되는 동물 실험이 모두 허용되어서는 안 된다. 동물 실험 이외의 다른 방법으로는 인간의 고통을 감소시킬 수 없고 동물 실험의 성과가 분명히 장기적으로 증명될 수 있다면, 동물 실험은 도덕적으로 허용될 수 있다고 본다. 그러나 이들과 연관이 없는 미용품의 무해성을 입증하기 위한 실험과 같은 경우에는 동물 실험이 도덕적으로 정당화되지 못한다. 될 수 있는 대로 동물 실험을 피하고, 어쩔 수 없는 경우에는 실험동물의 숫자를 최소화하여, 동물의 육체적 정신적 부담을 최소화시키도록 실험자체를 개선해야 한다. 동물 실험을 옹호하는 가장 논리적인 배경은 인간의 건강과 생명을 주장하는 것이지만, 상당한 수의 동물 실험이 도덕적으로 부당하게 이루어지고 있다는 사실도 간과해서는 안 된다. 동물이 법적으로 도덕적으로 책임 있는 인격체가 아니라는 사실로부터 동물을 단순한 물건으로 다루어도 된다는 결론에 이르러서는 안 된다. 동물도 감각이 있으므로 고통을 느끼는 생명체이기에 생명을 경외시하고 인간성의 파괴를 가져올 수 있는 무분별한 동물 실험이 허용되어서는 안 된다는 것이다. 동물을 착취하고 지배할 수 있는 무조건적이고 절대적인 권리가 있다고 생각하는 인간중심주의는 버려야 한다. 피치 못할 동물 실험은 인도적인 방법에서 행해져야 한다. 즉 새로운 약품이 개발되어 동물 실험을 행하지 않은 채 화학약품과 같은 위험물을 인체에 직접 투여하게되면 인간의 생명이 예측할 수 없을 정도로 심각한 위험에 봉착할 수 있을 경우에, 동물 실험을 통해 효능과 안정성을 검증 받은 후 인간에게 투여되어야 한다. 따라서 동물 실험은 반드시 필요한 부분이 인정될 때 행해져야 하고 불필요한 사치성 상품을 위한 동물의 실험은 금지되어야 한다.

이를 위해 앞으로는 의학자들이 동물을 이용한 연구를 할 때에 다음의 두 가지 점을 진지하게 생각하여야 한다. 첫째로는 연구에 사용하는 동물이 의학의 발전에 공헌하는지를 검토하여야 하고, 둘째로는 동물이 받는 정신적 육체적 고통을 최소화하는가를 검토해서 동물 실험을 실시하여야 할 것이다.

2. 동물의 복지와 권리

1) 동물관리의 현실

인간이 수렵생활을 하기 시작할 때나 적당히 가축을 키우며 육류를 섭취하던 그런 시절 혹은 야생동물이 민가로 내려와 인간을 단순히 위협하던 그런 시절에는 '동물 복지' 라는 말조차 필요가 없었다. 그러나 인간은 자연의 법칙을 넘어 탐식, 폭식, 생명체를 이용한 유희, 허영심, 탐욕적 무병장수의 꿈에 젖어 다른 생명에 대한 소중함을 상실한 지 이미 오래되었다. 인간을 위해 행하는 행위라면 그 어떤 일도 합리화될 수 있는 사회적 분위기 속에서, 작은 생명들은 자유롭게 울부짖기조차 못한 채 사그라져 가고, 지금 이 순간도 빽빽한 사육 환경 속에서 혹은 인간의 파행적 정서에 의한 가혹 행위와 실험실의 작은 케이지 안에서 고통으로 신음하고 있다.

요즘 길거리를 다니다 보면 버려진 애완동물을 많이 볼 수 있다. 잡종견뿐만 아니라 순종도 상당수 발견되는 것을 보면, 계획 없이 충동구매로 애완동물을 구입하여 대소변, 먹이 및 물어뜯는 등의 버릇에 관한 문제가 생겨 버리는 경우가 많다. 이런 주인의 무책임한 행동 때문에 동물이 거리를 떠돌고 쓰레기통을 뒤지는 불행한 삶을 살게 되며, 난폭해져 행인을 공격하거나 공중보건위생상의 문제를 일으키게 되어 인간에게도 직 · 간접적으로 피해를 주고 있다.

우리나라는 옛부터 보신문화가 발달되어 왔다. 특히 야생동물에 대한 편견으로 계속해서 야생동물의 밀렵과 밀매가 이루어지고 있는데, 이들 동물은 대부분이 천연기념물을 포함한 야생동물이라는데 문제의 심각성이 더하다. 야생동물은 애완동물 등과는 달리 이 자연에서 사라지면 다시는 볼 수 없는 동물이다. 그런데 사람의 그릇된 인식으로 많은 야생동물과 천연기념물이 그들의 터전을 잃고 덫, 올가미 또는 독극물에 의해 희생되고 있다.

더 이상 동물의 피해를 막고 이들을 보호하기 위해서는 국가 기관이 체계적이며 조직적으로 협력하여야 할 것이며, 동물보호 법률이 실효를 거둘 수 있도록 인적, 물적 지원이 뒤따라야 할 것이다. 이러한 물리적 혹은 법률적 제재가 이루어지기 전에, 동물의 생명을 소중히 여기고 그들의 권리를 인정해주며 보신에 대한 비과학적 믿음을 버리는 우리 모두의 자세가 먼저 선행되어야 할 것이다.

한편, 동물 실험의 공헌으로 인간에 있어서 장기이식의 부작용을 줄이기 위한 기술개발과 생명과학의 발전 등 궁극적으로 인간의 수명을 연장시키는데 기여해 왔는데, 이러한 동물 실험의 중요함에도 불구하고 이에 대한 사회적 비판이 적지 않다. 그것은 주로 불필요한 동물 실험이나 잔혹한 동물 실험이 과학이라는 미명 하에 실시되고 있다는 생각이 널리 퍼져 있기 때문이며, 과학적인 결과를 얻기 위해 적절치 못하거나 혹은 동물 복지의 배려가 안 되어 있는 동물 실험이 일부에서 이루어지고 있는 것도 사실이다.

따라서 모든 생명과학분야의 연구자는 의약품의 약리, 약효 및 안전성 연구, 백신의 개발 및 제조, 종양의 연구 및 장기이식의 연구 등에서 보는 바와 같이 동물 실험이 절대적으로 필요하지만, 연구에 동물 실험의 필요성을 검토하여 다른 것으로 대체하거나, 동물 실험을 시험관 실험으로 대체할 수도 있다. 또한 통계적 기법을 이용하여 동물의 사용수를 삭감하거나, 동물에게 고통을 경감시키는 등의 노력이 필요하다.

2) 동물 복지와 권리

동물은 수많은 환경요인에 의해 자극을 받으며 생활하고 있다. 이들 주어진 환경에 대처하는 방법은 크게 신경계통, 호르몬 체계 및 면역체계의 생리적 변화와 이들과 연계된 행동의 변화로 나눌 수 있다. 그러나 주어진 환경 자극에 따라 대처가 매우 힘든 경우도 있고, 번식기능이 저하되거나 생산효율이 떨어지게 되며, 심한 경우에는 죽게 된다. 이와 같이 주어진 환경에 대하여 대처하는 상태를 동물 복지(動物福地, Animal welfare)라고 말한다. 즉 복지는 동물 개체에 주어진 양호하거나 불량한 현재의 상태를 설명하는 것이다.

한편, 동물 복지와 동물 권리(動物權利, Animal right)는 글자는 다르나 뜻하는 바에서는 큰 차이가 없는 것으로 흔히 알고 있다. 물론 동물을 위하는 데에 별 차이가 없지만, 그 방법에서 구분되어지고 있다. 즉 인간생활을 위한 일종의 소모품이 아닌 반려자로서 동물을 대접한다는 근본적인 방향에서는 큰 차이가 없으나, 동물 권리는 동물이 부분적으로 인간과 유사하거나 동일한 점이 많기 때문에 이에 걸맞게 법적인 권리를 확보하고 행사할 수 있어야 한다고 주장한다. 그러나 현실은 동물이 스스로의 권리를 쟁취하거나 행사할 수 없기 때문에 부득이 동물의 권리를 염려하는 사람들이 나서서 대신 쟁취하여 돌려주어야 하고 사람과 맞설 수 없어서 제대로 대접을 받지 못하는 동물을 보호하기 위하여 온갖 수단과 방법을 강구해야 한다고 주장하고 있다.

특히 영국의 동물해방전선(Animal Liberation Front)과 같은 급진적이며 매우 과격한 단체들의 경우 동물의 법적 권리를 쟁취하기 위하여 동물의 권리를 유린하는 인간과의 극단적인 투쟁조차도 불사하겠다고 선언을 했고 우편물 폭탄 및 자동차 폭탄테러를 통하여 인명의 살상조차도 마다 않는 무장해방운동에 적극적으로 나서고 있어 논쟁의 씨앗이 되고 있다.

그러나 동물복지운동의 출발은 동물생명의 존중이라는 점에서는 동물권리운동과 뜻을 같이 하지만 윤리적, 법적 동물 권리를 보호하는 기준은 사람과 어울려 사는 반려동물로서 정당한 대접을 받게끔 하는데 있다. 예를 들어, 단지 인간의 쾌락이나 기호(嗜好)만을 충족하기 위하여 동물이 학대를 받거나 이용되는 일을 방지하고 영양, 위생, 질병예방, 치료까지도 인간을 위한 도구로서가 아니라 건전하고 바람직한 인간과 동물의 관계를 정립하는 측면에서 배려되어야 한다는 운동이다.

물론 윤리적인 권리를 확실히 보장하는 법적인 뒷받침을 위하여 대규모의 시위나 정치적인 청원 등도 이들의 주요 활동 중에 하나이다. 하지만 동물복지운동은 동물권리운동과는 달리 인간의 권리와 동등한 권리를 요구하지는 않는다. 즉 사람과 동물과의 관계를 수평적인 측면에서 바라보는 것이 동물 권리라고 한다면 수직적인 측면에서 보되 불필요한 고통은 배제하고 사람을 위하여 필요한 경우라도 고통을 최소화하려 노력하는 것이 동물 복지라고 할 수 있다.

따라서 인간이 그들의 삶을 살아가기 위해 공간과 시간이 필요하듯 모든 생명체는 그들 나름

대로의 시 · 공간 안에서 삶을 꾸려갈 권리를 갖고 있다. 그러나 우리는 스스로를 만물의 영장이라 생각하고 동물의 삶의 권리를 잊고 있었다. 물질적 삶에 여유가 생기고 애완동물을 기르는 것이 보편적일 만큼 동물이 우리 생활에 깊이 연관되어 있는 현실에서 이젠 동물의 잃어버렸던 권리와 복지를 돌아보아야 할 때라고 생각한다.

제 13 장 동물과 환경

자연계에서 동물은 주어진 환경에 다양한 방법으로 대처하며 살아가지만, 가축화와 함께 동물은 여러 가지 환경적 제한을 받으며 인위적으로 조성된 사육환경에 적응하면서 살아나가게 된다.

사육기술의 발전과 사육장비의 현대화는 근래에 가축으로 사육할 수 있는 범주를 크게 늘려왔으며, 가축의 생리 및 생태와 환경과의 관계, 가축의 복지와 생산성의 극대화를 위한 환경 조성 및 조절은 이제 하나의 중요한 학문으로 자리 잡게 되었다.

1. 환경의 정의와 구성요인

1) 환경의 정의

환경(environment)이란 용어는 우리의 일상생활에서 친숙하게 사용되는 말이지만 우리가 생각하는 것처럼 그렇게 단순한 것이 아니고 매우 포괄적인 뜻을 지니고 있다. 여기서 환경이란, '동물의 발생, 성장 및 생리적 반응에 영향을 미치는 외부적 요인들의 총합' 으로 정의되며, 그 조절은 가축이 지니고 있는 유전적 요인을 최대한으로 발현하도록 하는 데 매우 중요한 의미를 갖는다.

2) 환경의 구성요인

환경을 구성하는 요인들은 물리적, 생물학적, 사회적 환경요인으로 구분할 수 있으며, 해당 요인들을 열거하면 그림 13-1과 같다.

이들 환경의 구성요인들은 단독 또는 복합적으로 가축에 작용함으로써 가축의 생존에 절대적인 영향을 주고 있다. 따라서 환경의 구성요인을 올바르게 파악하는 것은 가축이 어떻게 그 환경에서 살아 갈 수 있는가 라는 문제를 해결하는 데 필수적인 정보를 얻게 될 것이다.

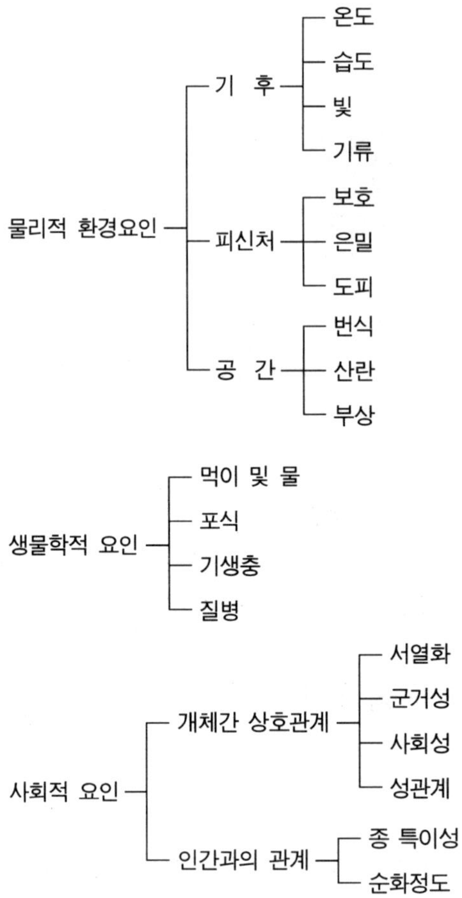

[그림 13-1] 환경을 구성하는 요인

2. 환경조절과 동물의 생산성

1) 환경조절의 의미와 목표

가장 이상적인 환경조절(environment control) 시스템이란 어느 관점에서 보느냐에 따라서 달라질 수 있다. 예를 들어 동물생리학자가 생각하는 환경과 양축인이나 농공학자의 환경개념은 각기 다를 수 있는 바, 동물산업이라는 관점에서 보면 동물생리학자가 정의하는 이상적인 환경조절 개념에서 한 걸음 더 나아가 경제적 측면을 고려에 넣지 않으면 안 된다.

그러한 관점상의 차이에도 불구하고, 환경조절을 하는 궁극적인 목표는 동물의 건강유지와 생산성을 극대화시키는 데 있다.

2) 환경조절 시 착안할 사항

이상적인 환경조절을 통하여 궁극적인 목표를 달성하기 위해서는 다음과 같은 5가지의 고려사항에 주안점을 두어야 한다.

① 특정 환경 하에서의 가축의 생산성
② 이익 증가에 의한 환경개선 비용의 보상가능성
③ 동물이 발휘할 수 있는 환경에 대한 생리적 적응기회
④ 이상적인 환경 하에서 발휘될 수 있는 동물의 유전적 잠재력
⑤ 동물의 행동양식과 기후환경과의 연관정도

3) 환경조절 작업에 필요한 기초지식

전술한 착안사항을 파악하고 적용하기 위해서는 적어도 다음의 3가지 지식이 요구된다.

① 동물이 환경변화에 대응하여 나타내는 생리적 생물학적 원리
② 환경의 물리적 양상과 그것이 동물체의 득실에 미치는 영향
③ 경제적으로 정당화될 수 있는 환경수준의 결정

4) 환경이 동물생리와 생산성에 미치는 효과

지금까지 발전해온 동물생리학은 적어도 물리적 환경요인이 동물에게 생리적으로, 그리고 생산능력상으로 어떠한 영향과 변화를 가져다주는지에 대하여 많은 지식을 축적해왔으므로, 이를 간략하게 정리해 보기로 한다.

(1) 온도와 습도

물리적 환경요인 중에서 온도와 습도는 지 · 간접적으로 동물이 생존에 가장 커다란 영향을 미치면서 지구상의 동물 종별 존재와 분포를 결정하여 왔으며, 가축화가 이루어진 다음에도 생산성에 가장 커다란 영향을 주는 것으로 알려져 있다.

예를 들어 높은 환경온도에서 동물은 생리적으로 커다란 변화를 겪게 되며, 이는 즉시 생산성으로 연결된다. 온도의 변화는 습도와 밀접하게 연결되어 있는 바, 습도를 고려한 온도, 즉 체감온도가 높아지면 동물은 일차적으로 다음과 같은 생리적 변화를 보인다.

① 호흡률(respiration rate) 증가
② 내분비 기능의 저하
③ 사료섭취량 감소
④ 소화율 및 흡수율 감소

(2) 고온 환경 하에서의 동물의 생산성 변화

비정상적으로 높은 환경온도로 인하여 적응하기 어려운 수준에 이르는 경우 동물은 전술한 생리적 변화를 일으킴으로써 아래와 같은 생산능력의 감소를 나타낸다.

① 성장률이 저하하여 정상적인 발육양상에서 벗어남

② 체조성의 변화를 초래하여 지방조직이 적어지며, 피하지방의 융점이 낮아지고 도체품질이 떨어짐

③ 산유량이 감소하고 유성분도 지방과 단백질이 저하하는 등 묽어지는 현상을 보임

④ 가금의 경우 초산일령이 지연되고, 산란수와 난중이 감소하며, 종란의 경우 부화율이 저하함

⑤ 털을 생산하는 동물의 경우 섬도와 균일도가 떨어짐

⑥ 종축의 경우 사정능력이 감소하고 정액의 품질이 저하함으로써 불임율의 증가를 초래함

5) 동물 종류별 온도와 습도 조절

동물사육에 가장 중요한 물리적 환경요인인 온도와 습도를 조절함에 있어 동물은 종과 품종, 생육단계, 그리고 계절에 따라서 적정범위와 요구도가 다르다. 실제 사육에서 확인된 이들 요인의 조절기준을 정리하면 표 13-1과 같다.

[표 13-1] 동물 종별 온도 및 습도 조절기준

대 상 축	적정 범위		월 동 기	
	온 도(℃)	상대습도(%)	온 도(℃)	상대습도(%)
젖소(육성 및 임신우 포함)	0~20	60~80	10	80
비 육 우	12~20	60~80	16	80
독우 비육	16~20	60~80	18	70
성 빈 돈 분 만 돈	12~16	60~80	18*	70
분만육성돈방의 자돈상	30~32	40~60	30~35	70
자돈(6주령)	20~22	60~70	18*	70
육성돈(to 30 kg)	18~22	60~80	20*	60
비 육 돈	15~18	60~80	16*	80

* 부분 Slit 경우 : +2℃, Full Slit 경우 +4℃, 깔짚바닥 경우 −1℃

6) 환기의 중요성과 조절

동물사육에서 온도와 습도의 조절에 못지않게 중요한 것은 환기(air exchange)라고 할 수 있는데, 환기는 문자 그대로 '공기를 바꾸어주는 작업' 이다.

자연 상태에서가 아니라 인위적으로 마련된 수용공간 내에서 사육되는 동물은 환경선택에 대한 가능성이 매우 제한되기 때문에 물리적 환경요인 중에서도 환기는 매우 중요한 비중을 차지한다. 뿐만 아니라, 궁극적으로 환기작업은 사육동물은 물론, 동일한 공간 내에서 작업하는 사육관리자를 위해 건강한 환경을 조성함으로써 작업효율을 높인다는 점에서도 중요한 의미를 가진다.

(1) 환기의 목적

동물의 사육공간에 대하여 환기를 실시하는 목적은 다음과 같다.

① 사육공간 내부의 습기를 제거함(특히 동절기)

② 동물에게 신선한 공기를 제공함

③ 하절기에 과다한 열을 제거함

④ 동물 배설물에서 유래하는 악취와 유해가스를 제거함

(2) 유해성 기체의 종류와 허용농도

축사에서 발생하는 유해성 기체는 주로 이산화탄소, 암모니아, 황화수소 및 메탄가스로, 대기 중 이들의 농도가 높다함은 곧 산소의 농도가 상대적으로 낮음을 의미하며 동물의 질병과 악취의 원인이 된다.

따라서 흔히 사육공간의 크기에 비하여 수용동물의 수가 많은, 즉 사육밀도(housing density)가 높은 경우에는 팬(fan)을 가동하는 인공 환기장치를 설비함으로써 축사 내에 이들 유해성 기체의 허용농도가 초과되지 않도록 해야 한다.

유해성 기체의 허용농도는 표 13-2와 같다.

[표 13-2] 유해성 기체의 허용농도 (vol %)

종 류	우 사	계 사	인 체
CO_2	0.35	2	0.5
NH_3	0.005	0.004	0.005
H_2S	0.001	0.004	0.001
CH_4	–	5	–

3. 가축의 배설물과 환경 문제

1) 가축분뇨에 대한 개념 정립

동물생산에서 유래하는 배설물, 즉 분뇨는 그림 13-2에서 보는 바와 같이 자연계에서 물질순환의 중요한 구성요소가 되는 바, 이를 오염물질로만 보는 시각은 그릇된 것이다. 앞의 장에 서술한 바와 같이, 동물이 배설하는 분뇨는 먹이의 소화 또는 대사과정에서 유래하는 것으로 식물에 필요한 영양소(N, P, K)를 모두 갖추고 있을 뿐만 아니라(표 13-3), 유기물의 농도가 높아 토양의 물리적 성질을 개선하는 효과가 화학비료보다 훨씬 우수한 천연의 완전비료라고 할 수 있다.

따라서 가축의 사육과정에서 분뇨를 제대로 처리하면 매우 높은 부가가치를 갖는 자원이므로 적합한 처리시설과 처리방법을 실용화함으로써 자원으로서의 활용도를 높일 필요가 있다.

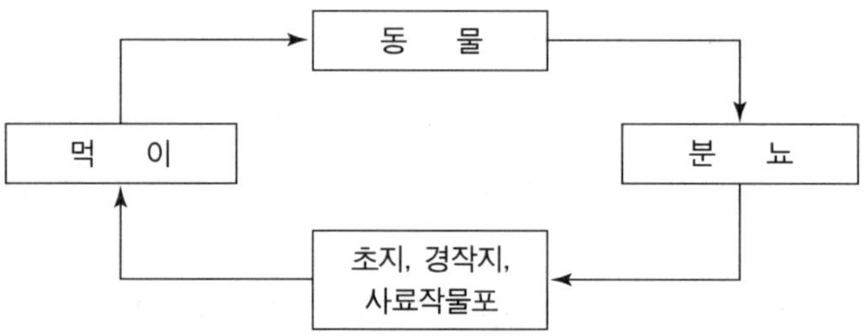

[그림 13-2] 동물과 작물생산을 연결하는 물질순환

[표 13-3] 가축의 분뇨생산량과 비료성분함량 (단위 : kg)

축종 분뇨	생산량(kg/일)	분뇨 생산량(t/년)	질 소(N)	인 산(P)	칼 륨(K)	수분함량(%)
한우(450kg)	27.3	11.0	0.15	0.05	0.11	88.4
젖소(635kg)	52.2	21.0	0.26	0.05	0.17	83.3
돼지(90kg)	5.9	2.4	0.041	0.014	0.278	90.8
닭(1.8kg)	0.1	0.038	0.0013	0.0005	0.0005	74.8

2) 가축분뇨에 의한 환경오염의 가능성

동물의 생산과정에서 유래한 분뇨가 물질순환의 원리에 맞도록 적절한 방법으로 처리되어 경작지로 환원되지 않거나 과잉으로 경작지에 투여되는 경우에는 지표수(surface water), 즉 하천과 호수가 오염되고 결국에는 지하수 오염으로 연결되며, 발생하는 유해성 기체가 대기를 오염시키는 원인으로 작용할 수 있다.

가축의 분뇨에 포함되어 환경을 오염시킬 수 있는 성분과 오염발생문제를 정리해 보면 표 13-4에 제시된 바와 같다.

[표 13-4] 가축 분뇨에 의한 환경오염의 형태

형 태	전이물	문제 / 작용
유기태질소(N)	물/토양(침식)	- 하천, 호수의 부영양화(수질오염) - NH_4^+, NO_3 오염의 원인물질
NH_4^+	물/토양/공기	- NH_3, NO_3^- 오염의 원인물질
NO_3^-	식물/식수(지하수)	- NO_2^-로 전환 혈액순환방해, 청색증 유발* - 발암물질인 Nitros 질소화합물 형성의 원인물질
N_2O	공기	- 지구온실효과 관여물질 - 오존층 파괴물질
NH_3	공기/토양/물	- 물고기에 유독 - 토양산성화, 산림생태계 파괴
CH_4	공기	- 지구온실효과 관여물질
인산	토양/물	- 강, 호수 오염

*청색증(blue baby symptom)은 생후 6개월 미만 어린아이의 치사병으로, 오염된 식수의 아질산이온으로 인해 적혈구가 산화되어 산소운반능력을 상실함으로써 일어남.

4. 가축배설물의 활용과 처리

1) 가축배설물의 구성

가축의 배설물은 분변과 뇨가 주가 되므로 종종 축분 또는 분뇨라고도 표현하지만, 실제로는 축사 바닥의 깔짚이나 사료찌꺼기, 그리고 세척수 등을 포함하는 슬러지의 형태를 하고 있다. 그 성분은 일정치 않으며 동물의 종류 및 공급하는 사료의 종류, 동물의 영양상태에 따라 변이가 크다.

슬러지 상태의 가축분뇨는 원심분리방법을 통해 액상 및 고형물 부분으로 분리될 수 있는데, 이를 구성하는 성분은 다음과 같다.

① 액상 부분 : 수분, 휘발성지방산, 요소, 요산, 암모니아, 가용성무기물

② 고형물 부분 : 수분, 소화되지 않은 사료, 깔짚, 소화액, 점액, 미생물, 불용성무기물(흙)

2) 가축 분뇨의 발생량

가축분뇨의 발생량은 동물의 종류와 체중에 따라서 상당한 차이를 보이는 바, 분뇨를 처리 또는 활용하는 데 필요한 양적 계산을 위한 발생량 기준량은 표 13-5와 같다.

[표 13-5] 가축 종류별 체중별 분뇨배설량 기준 (단위 : kg)

축종별		체 중	분(1일/두(수))			뇨	비 고
			배설량	평균수분	건물량	1일, (두수)	
젖 소	경산우	550~650	30	80	6.0	20	
	육성우	40~550	10	(80)	2.0	7.5	
비육우	번식우	400~500	20	(78)	4.4	13.5	
	육성우	30~400	7	(78)	1.5	5.5	
	비육우	200~700	15	78	3.3	10.5	
돼 지	번식돈	160~300	3.0	(75)	0.75	5.5	
	번식돈	200~300	2.0	(75)	0.50	5.5	비육돈과
	자돈	3~30	0.8	(75)	0.20	1.0	동일
	비육돈	30~110	1.9	75	0.48	3.5	
산란계	성계	1.4~0.8	0.14	78	0.031	–	
	중병아리	0.04~1.4	0.06	78	0.031	–	산란개시
육 계		0.04~2.8	0.13	(78)	0.029	–	9주령 8kg

3) 가축분뇨의 처리과정

가축분뇨는 축사에서부터 수거 → 운반 → 저장 → 경작지 살포(또는 유기질비료 제조)로 이어지는 일련의 처리과정을 거친다.

이와 같은 일련의 처리과정은 가축의 생산체계나 수용시설 등 사육관리 방식과 조화될 수 있도록 목장의 건축단계에서부터 합리적이고 효율성 있게 설계되어야 하며, 선진화된 동물생산은 이점에서 커다란 차이를 보인다.

각종 가축분뇨의 처리방법에 따른 기대효과는 표 13-6과 같다.

[표 13-6] 각종 가축분뇨의 처리방법에 따른 기대효과

구 분	시비효과	악 취	처리비용	수질보호
사양개선으로 분뇨배설량 저감	–	±	+	+
액비화로 경작지에 환원	+	–	+	+
고액분리	–	+	–	±
톱밥 발효퇴비화	±	+	±	+
간이정화 후 방류	–	+	–	–
정화처리	–	+	–	+

※ + : 긍정적, – : 부정적, ± : 중간

4) 가축분뇨의 활용

전술한 바와 같이 가축분뇨는 자연생태계의 물질순환에 매우 중요한 구성요소이다. 유기물과 무기물로 구성되는 분뇨는 식물을 위한 3대 비료성분(N, P, K)을 모두 함유하므로 화학적으로는 물론, 물리적으로도 토양의 물리적 성질을 개선시키는 효과가 우수하여 완전 천연비료라고 할 수 있다.

따라서 가축분뇨는 이미 과거부터 유축농업(有畜農業)이라 하여 가축을 사육하는 목적이 작물재배에 필요한 비료공급원으로 이용되어 왔는데, 과학기술이 발달한 오늘날에는 유기성 바이오가스로서 비료뿐만 아니라 다른 용도로의 개발이 주목을 받고 있다. 이러한 활용가능성을 부가가치가 높은 순서로 알아보면 다음과 같이 정리할 수 있다.

(1) 사료화

① 가금배설물을 반추가축용 사료(NPN 급원)로 활용
② 재료의 보충에 의한 발효사료(사일리지) 제조
③ 축분 건조 및 펠렛사료 제조
④ 지렁이를 이용한 생물학적 전환

각종 가축분뇨의 영양소 함량은 표 13-7과 같다.

[표 13-7] 가축의 분뇨생산량과 비료성분 함량 (단위 : kg)

성 분	우 분	돈 분	케이지 사용 산란계분	육계분
건물(%)	18~25	23.9	24	34~86
건 물 기 준 (%)				
조단백질	11~12	11~31	12~38	21~39
소섬유	20	7~23	16	13~18
리그닌	8	3~6	8	5~10
조회분	9	10~28	20	10~31
Ca	9	1.5~8.5	7.5	2.4~11.5
P	1.6	1.4~4.6	2.6	1.3~2.9
TDN	48	40	40	58~61

(2) 유기질 비료화

가. 건조처리

① **자연건조** : 야적 및 비닐하우스 내 퇴적에 의하며 시간이 소요
② **인공건조** : 직화식, 간접화식 열건조로 시간이 단축되나 에너지 소모

나. 퇴비화

단순퇴적에 의한 발효 숙성 후 직접 경작지에 살포

다. 발효처리

① **혐기성 발효** : 발효열 범위(38~55℃)상 병균사멸 효과저하, 악취발생
② **호기성 분해** : 수분조절재 투입 및 C/N 비 조절 후 원예용 퇴비 제조
부숙 도달시간 단축, 악취제거 효과, 발열로 병균 및 기생충란 사멸효과가 우수함

(3) 연료화

① 고형분 농도가 높은 축분을 건조시켜 연료로 사용
② 메탄발효 방법을 이용하여 바이오가스(메탄)를 생산

축종별 분뇨로부터의 메탄가스 생산가능량은 표 13-8과 같다.

[표 13-8] 축종별 분뇨로부터의 메탄가스 생산가능량

동 물 종	메탄가스 생산량 (m^3/kg 휘발성 고형물)
돼 지	0.44 (0.32~0.52)*
육 우	0.27 (0.17~0.33)
젖 소	0.16 (0.10~0.24)
닭	0.31 (0.24~0.39)
말	0.33

*평균치(범위)

제 14 장 인수공통전염병

1. 인수공통전염병의 정의

공중보건분야 중에서 가장 중요한 부분으로 인수공통전염병을 들 수 있는데, 이는 동물과 인간에 공통으로 감염되는 질병으로 정의된다.

인수공통전염병(人獸共通傳染病, Zoonosis)은 원래 Greece어의 Anthropozoonosis로, Anthropos＝인류, Zoo－동물, Nosis＝질병을 의미하며, 문자내로라면 "사람과 동물이 같이 감염되는 전염병"인데, 실제로는 사람을 중심으로 생각하여 "동물로부터 사람으로"의 방향으로 쓰이는 것이 일반적이다.

인수공통전염병의 전파는 직접전파, 매개곤충 또는 기타 매개물에 의해서 다양하게 이루어질 수 있으며, 인수공통전염병을 야기하는 병원체도 기생충과 같은 큰 것에서부터 원생동물, 세균, 바이러스 등 매우 다양하다.

최근 조류독감과 같은 인수공통전염병의 확산은 인간과 동물의 밀접한 관계를 고려할 때 중증급성호흡기증후군(Severe Acute Respiratory, Syndrome, SARS)와 같은 새로이 유행되는 신종전염병(emerging infectious diseases)의 출현과 함께 사회적 파장이 매우 큰 사안으로 받아들여지고 있다.

사회경제적 견지에서 인수공통전염병의 예방을 위한 구분은

① 축산에 중요한 영향을 미치는 인수공통전염병은 만성소모성질병인 소의 결핵이 대표적이다.

② 인간과 동물 양쪽에 중대한 영향을 미치는 인수공통전염병으로는 brucella, salmonella 및 박쥐매개 광견병 등이다.

③ 인간에게는 중요하나 동물에게는 별로 영향을 미치지 않는 인수공통전염병은 Q fever, 리슈마니아 및 선모충증 등이다.

국제수역사무국(OIE)에서 지정한 동물의 List A 전염병은 표 14-1과 같이 15종이며, 몇 가지 인수공통전염병도 포함되어 있다.

[표 14-1] 국제수역사무국(OIE)이 지정한 List A 전염병 (15종)

질 병 명	감수성동물	국내발생 여 부	질 병 명	감수성동물	국내발생 여 부
구 제 역	우제류(소, 돼지, 사슴 등)	'00' 02년 발생 (OIE는 '02.11. 29 청정화 공식 인증')	돼지수포병	돼 지	비발생
우 역	소, 돼지, 면양, 산양	비발생	아프리카돼지콜레라	돼 지	〃
가성우역	산양, 면양, 사슴	〃	수포성구내염	말, 소, 돼지	〃
럼프스킨병	소	〃	아프리카마역	말	〃
우 폐 역	소	〃	고병원성가금 인플루엔자	조 류	발 생
리프트계곡열	면양, 산양, 소	〃			
블 루 텅	면양, 산양, 소, 사슴	〃	돼지콜레라	돼 지	발 생
양두 및 산양두	면양, 산양 등	〃	뉴캣슬병	조 류	발 생

2. 인수공통점염병의 분류

1) 감염병원체의 life cycle의 형(epidemiological pattern)에 의한 분류

(1) Direct Zoonosis

병원체의 life cycle 완성에 단 1종의 척추동물을 필요로 하고, 그 과정에서 사람 및 타종 척추동물에 이행되는 질병으로 직접접촉 혹은 오염된 물질을 통하여 전파되며, 전파과정 중 이렇다 할 만한 증식은 없고, 주로 동종 척추동물간에 전파된다. 동물에서 사람에게 1종의 척추동물로부터 직접 전파가 가능하다.

예) 광견병, 디프테리아, 연쇄구균증, Brucellosis 등

(2) Cyclozoonosis

Life cycle의 완성에 2종 이상의 척추동물을 필요로 하고, 그 과정에서 사람 및 타종 척추동물에 이행되며 무척추동물의 매개 없이 2 종 혹은 그 이상의 척추동물을 거쳐서 전파한다.

예) 무구, 유구조충증, 포충증 등

(3) Metazoonosis

Life cycle의 완성에 척추동물과 무척추동물을 필요로 하고, 무척추동물의 매개에 의해서 생물학적 전파가 일어나며, 무척추동물에서 병원체가 증식 발달하며, 다른 척추동물에 감염이 가능할 때까지 외부에서의 잠복기(extrinsic incubation period)가 존재한다.
예) 폐흡충증, Arbovirus infection, Pest, Trypanosomiasis 등

2) 감염병원체의 종류에 의한 분류

세균성, 바이러스성, Chlamydia성, Rickettsia성, 진균성, 원충성, 체내기생충성, 체외기생충성 등으로 분류하기도 한다.

3) 감염병원체의 전파방식에 의한 분류

경구, 흡입, 경피감염 등으로 분류힌디.

4) 병원체가 보유한 숙주의 성질에 의한 분류

(1) Anthropozoonoses

동물로부터 사람에, 전파되는 병균으로 예를 들면 Rabies, Anthrax, Brucellosis, Hydatid disease, Visceral larva migrans 등이 있다.

(2) Zooanthroponoses

사람으로부터 동물에, 전파되는 병균으로 예를 들면 사람결핵(人結核), 디프테리아 등이 있다.

(3) Amphixenoses

사람과 동물이 같은 병원체에 감염되는 병균으로 예를 들면 Cestodiases, Anisakiasis 등이 있다.

이상과 같이 인수공통전염병은 여러 가지 방법으로 분류하고 있지만, 여기서는 감염병원체의 종류에 의한 분류 방법에 따라 최근에 사회적 문제가 되고 있는 세균성과 바이러스성 인수공통전염병을 중심으로 몇가지 질병을 소개한다.

3. 세균성 인수공통전염병

1) 결핵병(Tuberculosis)

우유를 매개로 하여 특히 어린아이에 전파되는 질병으로 우유를 가열처리하면 거의 문제가 되지 않으나, 아직도 많은 환자가 발생하고 있다.

병원체로는 인형균(*Mycobacterium tuberculosis*)과 우형균(*Mycobacterium bovis*)이 있다.

감염동물로는 인형균은 사람, 원숭이, 돼지, 개, 소 등이고, 우형균은 소, 돼지, 면양, 말, 고양이, 개, 토끼 등이다.

결핵의 전염을 예방하기 위해서는, 투베르쿨린검사에 의한 양성우는 검색 및 살처분하고, 도축검사 시 결핵병 소우가 발견되면 폐기하여야 하고, 생유의 음용을 피하며, 반려동물은 정기적인 검사를 실시하고, 우유 및 유제품은 반드시 살균처리하고, 생활환경을 개선하여야 한다. 특히 결핵균은 열에 저항성이 강하나 63~65℃에서 30분이면 사멸하므로 반드시 살균처리한 우유를 마셔야 한다. 사람은 투베르클린 반응(PPD skin test) 검사를 하여 음성인 사람은 반드시 예방접종(Balillus Calmetta & Guerin, BCG)을 하여야 한다.

2) 탄저병(Anthrax)

탄저병은 초식동물의 급성 열성전염병으로서 2차적으로 사람에 감염된다. 성경의 '출애굽기' 중 다섯 번째 재앙이 탄저로 추측되고, 효과적인 예방 백신이 개발되어 있으나 우리나라에서도 1994년 경주에서 1두가 발생한 예가 있다.

병원체는 *Bacillus anthracis*로 G+ 간균이 죽엽상으로 배열되어 있고, 비운동성이며, 생체내에 협막을 형성하고, 외계에 노출 시 아포(spore)를 형성한다.

감염동물은 초식> 잡식> 육식동물의 순서로 감수성이 강하다. 초식동물은 소, 면양, 산양, 말, 사슴, 코끼리, 물소 등, 잡식동물은 돼지, 쥐 등, 육식동물은 사자, 곰, 여우, 늑대, 밍크, 고양이 등에 감염되고, 조류도 닭, 타조, 오리, 독수리 등에서 감염된 예가 보고되어 있다.

감염양식은 동물에서는 경구감염, 피부와 점막의 창상감염, 흡혈곤충의 매개에 의한 감염 등이 있고, 사람에서는 감염동물과의 접촉감염, 오염된 유 · 육에 의한 경구감염, 오염된 모피에서 아포흡입에 의한 호흡기감염 등이 있다.

특히 사람에서의 증상은 피부탄저(cutaneous anthrax)는 인체감염의 대부분을 차지하고 있으며, 잠복기는 2~5일이고, 치료하지 않을 때에는 패혈증으로 사망하게 된다. 폐탄저(pulmonary anthrax)는 오염된 양모 등의 취급과정에서 아포를 흡인할 때 발병한다. 장탄저(almentary anthrax)는 오염된 유 · 육 등을 섭취했을 때 발병한다.

공중보건학적 예방 방법으로는 예방접종 실시, 환축이나 오염물과의 접촉을 피하고, 외계에서는 아포를 형성하므로 환축을 절박 · 도살하거나 사체로부터 재료를 채취할 때 주의할 필요가 있고, 환경으로부터의 오염에도 주의하여야 하고, 오염된 기구의 철저한 소독, 폐사체의 천연공이나 절개부는 소독제에 침적한 면으로 막아 체액의 유출을 방지하고, 모피공장의 진애발생을 억제하여야 한다. 치료제로는 penicilline과 tetracycline 등이 있다.

3) 브루셀라병(Brucellosis)

처음에는 지중해의 연안에서 열성질병으로 막연히 인식되었다. 동물에서 유산을 특징(enzootic, epizootic, infectious abortion)으로 하며, Bang's disease. Ram epididymitis 등으로 알려져 있다. 사람의 경우는 지중해열, Malta fever(몰타열), intermittent gastric fever로서 알려져 있다.

최근에 우리나라에서 소에 만연하여 사회적 문제가 되었으므로 구체적으로 설명한다.

(1) 병인체

① *Brucella melitensis*(Bruce, 1887) : 염소

② *B. abortus*(Bang, 1896) : 소

③ *B. suis*(Traum, 1914) : 돼지

④ *B. canis* : 개

⑤ *B. ovis* : 양

그람음성으로 미약한 항산성의 소 간균으로서 "S" 및 "M" 집락은 협막을 가지나, 운동성이 없고 아포를 형성하지 않는다(그림 14-1).

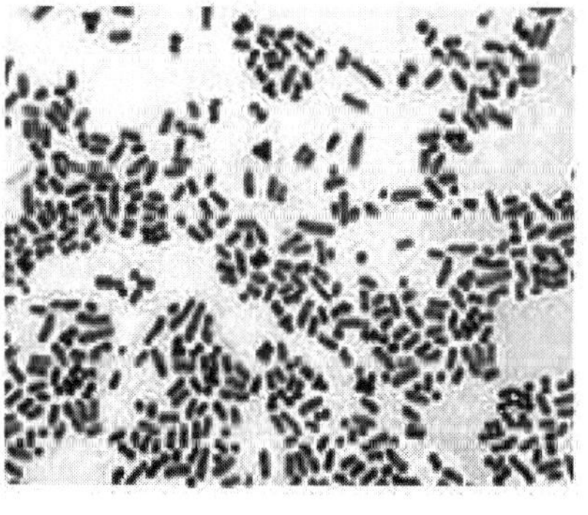

[그림 14-1] 그람음성의 브루셀라 세균

(2) 감염증상

*B. melitensis*와 *B. suis*의 biotype은 좀더 심한 증세를 보인다. 잠복기는 5~21일 정도이나 몇달 이상의 긴 경우도 있다. 발열, 발한, 권태감, 허약, 수막염, 근육통, 식용상실, 체중 감소를 특징으로 한다. 적절한 치료(tetracycline, rifampin))를 하지 않을 경우 재발률이 높다.

만성경과시의 증상은 척수염(Spondylitis), 골수염(Osteomyelitis) 및 간장, 비장, 신장, 심장, 복대동맥 등에 육아종이 보인다.

(3) 전파양식

병원소가 되는 모든 동물에서 몇가지 전파기전이 있다.

① 교미에 의한 정액, 생식기의 직접 접촉
② 자궁분비물에 오염된 환경으로부터의 균의 직접 섭취
③ 태막, 유산태아는 감염원이 된다
④ 비유를 통한 전파(외견상 정상적인 젖소가 균을 배설할 수 있음)
⑤ 사람에서는 살균되지 않은 우유(유제품)의 섭취(특히 치즈는 위험하다)

(4) 동물별 임상 증세 요약

① 소 : 자궁내막염(번식장애), 유사산(임신 7~8개월), 수소의 생식기 감염증, 송아지 위장염 (표 14-2)
② 돼지 : 유산, 불임증, 고환염, 파행, 후구마비, 자궁내막염
③ 염소, 면양 : 피로, 파행, 식욕부진, 설사, 유방염 등의 경증으로 경과한다.
④ 말 : 기갑루(poll-evil), 누공(fistulous withers)-관절염
⑤ 사람 : *B. melitensis*가 병원성이 가장 높고, *B. suis* 및 *B. abortus*의 순이며, 주증상은 파상열(undulant fever)이 특징이다.

[표 14-2] 브루셀라의 증상

암 컷	수 컷
- 불임과 임신후기(주로 45일 이후) 유사산 - 미숙아 또는 허약아를 낳기도 하지만 1~2일 뒤에 죽는다. - 몇 번의 유산 뒤 정상적인 분만을 하는 경우도 있지만 불임이 되는 경우가 많다.	- 고환이나 정소(精巢)가 많이 커지거나 또는 작아지기도 한다. - 부고환염, 전립선염 등이 나타나고 드물게 고환위축이 나타난다. - 고환을 자주 핥아서인지 고환이 빨갛게 붓고 피부염이 생기기도 한다.

(5) 진 단

① Milk ring test : 신선한 우유의 응집 반응시험(양성이면 tube 상층에 dark cream layer로 반응)으로 개별검사가 필요하다. 음성인 경우 milk layer와 cream layer는 normal cream color

② Sero test : card test, latex test, 혈구응집반응검사, 그리고 ELISA 등이 있다.

4) 살모넬라병(Salmonellosis)

식품위생상 가장 중요한 질병으로 식중독의 대부분은 살모넬라균의 감염이 원인이라고 한다.

병원체는 운동성을 갖고 있는 G-간균으로 200여종의 혈청형을 갖고 있으며, 사람에만 병원성이 있는 *S. typhi, paratyphi A* 및 *C. sendai*를 제외하면 대부분의 혈청형은 인수공통 전염병 원균이다. 저온살균으로도 사멸하고 phenol이나 alcohol같은 소독제에 약하다.

감염동물은 소, 돼지, 닭 등 가축, 개 등의 애완동물, 거북 등의 파충류, 야생 조수류, 쥐 등이 보균율이 매우 높다.

임상적 증상은 동물에서는 어린 동물은 설사를 동반하는 전신증상으로 폐사하고, 이환율과 치사율이 높으며, 성장한 동물은 발병이 드물고 대부분 불현성 감염으로 피해가 심각하지 않다.

사람에서는 잠복기가 12~24시간이고, 발열, 구토, 수양성 설사, 복통을 증상으로 하는 식중독을 일으키고, 주증상은 1~3일간 지속된다.

우리나라에서는 세균성 식중독 중 가장 발생빈도가 높다. 살모넬라병을 예방하기 위해서는 돼지, 닭 등 식용동물의 검사를 철저히 하고, 보균축은 도태하여야 하고 개, 거북 등의 애완동물에 대한 대책을 세우고 쥐, 곤충 등을 대상으로 한 환경위생을 철저히 정화하고, 식품 및 사료의 오염 검사를 정기적으로 실시하고, 동물성식품은 충분히 가열하여 살균한 다음 먹어야 한다.

5) 대장균 O157 : H7

대장균은 대부분의 종들은 무해하고 건강한 인간과 동물의 장내에서 살지만 대장균 O157 : H7이란 종은 강력한 독소를 생성하고 질병을 일으킨다. 특히 혈액을 동반한 설사나 복통을 일으키고, 신기능 장애를 가져온다.

대장균 O157 : H7은 1982년에 오염된 햄버거에 의해 처음으로 발병하였다. 대장균 O157 : H7은 오염된 쇠고기를 덜 익히고 먹을 때, 착유시 오염된 생우유를 살균처리하지 않고 마실 때, 오염된 하수에서 수영을 했을 때에도 전파될 수 있고, 감염된 사람의 설사 변으로 전파된다.

대장균 O157 : H7의 감염을 예방하기 위해서는 쇠고기나 햄버거를 충분히 익히고, 식당에서 덜 익은 햄버거를 받았을 때는 반품하고, 살균된 우유와 유제품만을 먹어야 하고, 환자 특히 어린이는 비누로 손을 깨끗이 씻게 하여 감염이 확산되는 것을 막아야 하고, 반드시 소독된 음료수를 마셔야 한다.

6) 기타 세균성 인수공통전염병

위에서 설명한 것 이외에도 세균성 인수공통전염병은 무수히 많지만 그 대표적인 종류만 몇 가지 소개한다.

세균성 이질(Shegllosis), 페스트(Pest), 렙토스피라병(Leptospirosis), 비저(Glanders, Malleous), 유비저(Meliodidosis), 돈단독(Swine erysipelas), 유단독(Erysipeloid), 야토병(Tularemia), 예시니아증(Yersiniasis), 가성결핵, 예시니아 엔테로콜리티카 감염증(Yersinia enterocolitica infection, Enterocolitis), 리스테리아증(Listeriosis), 파스튜렐라병(Pasteurellosis), 서교열(Rat bite fever), 해버힐열(Harverhill fever), 서독(Sodoku, Spirillum minor disease), 회귀열(Relapsing fever), 연쇄상구균 감염증(Streptococcosis), 파상풍(Tetanus), 가스괴저(Gas gangrene), 캠필로박터병(Champylobacteriosis), 방선균증(Actinomycosis), 노카르디아균증(Nocardiosis) 등 수없이 많다.

특히 페스트는 설치류의 쥐벼룩을 통하여 사람에 전염되는 질병으로 최근에는 발병이 거의 없으나, 1848~1849년에는 유럽에서 2,500만명 이상이 사망하였다.

4. 바이러스성 인수공통전염병

1) 광견병(Rabies)

광견병은 공수병(Hydrophobia)이라고도 하며, 모든 온혈동물에 치명적인 결과를 초래하는 질병으로 거의 전 세계적으로 발병한다. 비 발생국가는 61개국이다.

우리나라에서도 1993년 강원도 철원에서 발생한 이후, 60두 이상 발생한 보고가 있다(그림 14-2).

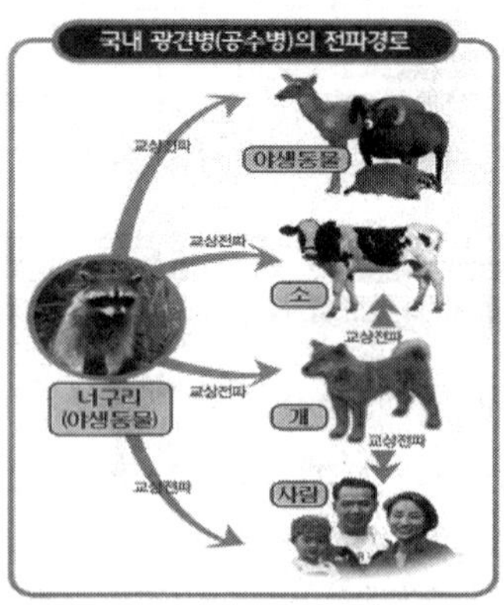

[그림 14-2] 국내 광견병의 전파경로
(자료출처 : 국립수의과학검역원)

병원체는 광견병 바이러스(Rabies virus)이고 야외독(street virus)과 고정독(fixed virus)이 있다.

동물감염은 주로 개와 고양이에서 많지만 면양, 염소, 말, 돼지, 소에도 감염된 예가 있다. 그 중에서 개에 감염되었을 때 잠복기는 10일 내지 2개월 또는 그 이상

지속되는 경우도 있다. 임상증상은 전구기, 흥분기, 마비기로 나누는데, 전구기(prodromal phase)에는 비정상적인 행동을 하고, 흥분기에는 공격적인 행동이나 연하가 곤란해지고, 마비기(paralytic phase)에는 전신적인 경련을 일으키고 근육이 마비되어 최종적으로는 폐사한다.

인체에 감염되었을 때는 잠복기는 일반적으로 2~8 주이나 경우에 따라서는 10일 내지 8개월로 차이가 심하다. 임상증상은 두통, 미열, 권태감, 동공의 확대, 타액분비의 증가, 연하가 중지되고, 전신마비를 일으킨다.

광견병을 예방하기 위해서는 주거지역에서 발생하는 광견병을 예방하고 박멸하기 위해 백신을 접종하고, 방견을 철저히 단속하여야 한다. 야생동물에서 발생하는 광견병을 예방하기 위해서는 야생동물의 밀도를 줄여 번식에 의한 감수성 동물의 증가를 막아줌으로써 광견병 사이클을 차단하는 것이 효과적이다.

동물의 국제교역을 금지하거나 상재지역으로부터 동물의 수입을 억제하거나 검역기간을 연장하고, 수입과 동시에 사독백신을 접종하여야 한다. 특히 사람에 대한 광견병을 예방하기 위한 대책으로는 바이러스에 노출되기 전에 위험집단에 백신(Human Dipoid Cell Rabies Vaccine, HDCV)을 접종하고, 바이러스에 노출된 후에는 상처부위를 즉시 비누 또는 세척제로 완전히 덮고, 40~70% 알코올, iodine tincture, 0.1% quaternary ammonium compound 등으로 소독하여야 한다. 가장 중요한 것은 바이러스가 중추신경에 도달하기 전에 면역이 되도록 백신접종을 빨리 실시하여야 한다.

2) 구제역(Food and mouth disease)

소, 돼지, 양, 염소 등의 우제류의 급성, 열성전염병으로 지금까지 한국, 일본, 오스트레일리아, 북미에만 발생이 없었으나 우리나라에서도 최근에 경기도 파주에서 발생(2000.3.21)한 후 2002년에도 경기도와 충청남도에서 발생하였다. 그 원인은 중국산 건초에서 유입된 것으로 추정하고 있다. 구제역은 전파속도가 빠르고 이환율이 높으며 생산성의 감소 및 가축과 유제품의 교역이 불가능하게 되므로 경제적으로 매우 중요한 질병이다.

병원체는 구제역 바이러스(Foot and mouth disease virus)이다.

동물에 감염되었을 때에는 구강점막과 제관부위에 수포를 형성하는 것이 특징적이고, 폐사율이 매우 높다.

인체에 감염되었을 때에는 발열, 두통, 식욕부진 등과 입, 손 및 발 등에 소포진이 생기는 것이 특징적이지만 피해가 심하지는 않다.

구제역을 예방하기 위해서는 구제역이 발생한 국가로부터 동물 등의 수입을 금지하고 검역을 강화하여야 한다.

3) 조류독감

조류독감은 닭, 칠면조, 오리, 야생조류 등 여러 종류의 조류에 감염되며, 전파속도가 빠르고 병원성에 따라 고병원성, 저병원성, 비병원성으로 구분된다.

고병원성은 가축전염병예방법상 제1종 가축전염병으로 정하고 있으며, 국제수역사무국(OIE)에서도 List A 질병으로 분류되고, 최근에 사회적 문제가 되고 있으므로 구체적으로 설명한다.

(1) 원인체

조류독감 바이러스(그림 14-3)로서 혈청형은 H형(15종)과 N형(9종)으로 구분되고 H5N2, H9N2 등으로 표기한다. 바이러스의 생존력은 -4℃에서 분변 내에서는 최소 35일간, 계사 오염 먼지에서는 2주간 생존하고, 오염된 물에서는 22℃에서 4일간, 0℃에서 30일간 생존하며, 오염된 가금육에서는 70℃에서 30분, 75℃에서 5분, 80℃에서 1분간 열처리하면 사멸한다.

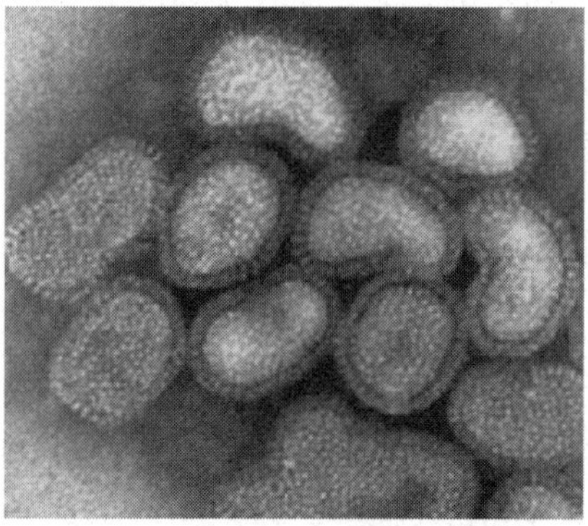

[그림 14-3] 조류독감 바이러스 (전자현미경 사진)

(2) 잠복기

일반적으로 수시간에서 2~3일임, OIE에서는 최장 잠복기를 21일로 규정하고 있다.

(3) 전파경로

오염된 물, 사료, 분변 등으로 전파된다.

(4) 임상증상

① **닭의 경우** : 일반적으로 사료섭취 감소, 볏의 청색증, 머리와 안면의 부종, 80% 이상 급격한 폐사, 산란율 저하 등을 나타낸다.

② **오리의 경우** : 알을 생산하는 종오리는 급격한 산란율 저하, 경미한 폐사가 나타나고 육용 오리는 거의 증상을 나타내지 않으나, 새끼오리는 일부 폐사한다.

(5) 방역대책

고병원성 조류독감(HPAI) 방역을 위한 전략으로는 조기신고에 의하여 발생농장의 감염 동물의 살처분 등 신속한 오염원 제거, 발생지역을 중심으로 한 오염, 위험지역, 경계지역의 설정(zoning) 및 오염요인에 대한 강력한 이동통제, 오염 대상물건 및 농장에 대한 집중적인 소독 실시와 함께 감염축을 신속히 검색하기 위한 능동예찰(active surveillance) 등 신속하고 강력한 초동방역을 시행하기 위한 방역정책 등을 핵심개념으로 들 수 있다.

초동방역이 실패하여 HPAI가 전국적으로 확산 또는 만연되거나 방역체계가 허술하여 살처분 정책만으로 확산을 막을 수 없을 경우, 또는 홍콩과 같이 지속적으로 특정지역에서 HPAI가 전파되어 오는 것과 같은 경우에 살처분 박멸정책과 병행하여 예방접종을 실시하는 것도 효과적인 대안이 될 수 있으며, 예방접종을 시행하고 있는 국가는 모두가 위의 범주에 속하는 국가이다.

4) 광우병(Bovine Spongeform Encephalopathy, BSE)

광우병의 정식 명칭은 소해면상뇌증이다. 즉 소의 중추신경계에 감염되어 3~5년의 잠복기를 거친 후 뇌 조직이 스폰지 모양(해면상)으로 변화되고, 신경이상 증상을 나타내는 데에서 비롯된 이름이다. 영국에서 1985년에 최초로 발생하여 유럽으로 확산되었고, 일본에서도 발생하였으나 아직 우리나라에서는 발생하지 않았지만 전 세계를 공포의 도가니로 만든 무서운 질병이다.

병원체는 비정상적 변형단백질인 프라이온(prion)으로 추정하는데, 프라이온은 단백질(protein)과 바이러스 입자(virion)의 합성어로 유전정보(RNA, DNA)가 없으면서도 바이러스와 같이 감염력과 복제능력을 가진 단백질 입자이다.

광우병의 병원균인 프라이온이 사람에 감염되었을 때는 치매가 주 증상이지만 변형 크로이츠펠트야곱병(Variant Crentzfeldt Jakob disease, VCJD)과 관련이 있는 것으로 추정되고 있다. 사람에 감염되었을 때는 10년 정도의 잠복기를 갖고 주로 30대 이전에 발생하는 특징이 있다.

감염경로는 스크래피병(scrapie)에 감염된 면양의 육골분과 부산물을 첨가한 동물성사료를 섭취한 소에서 3~5년의 잠복기를 거친 후 발병되는 것으로 추정하고 있고, 광우병에 감염된 쇠고기를 먹은 사람은 10년 정도의 잠복기를 거친 후 발병하는 것으로 추정하고 있다.

광우병을 예방하기 위해서는 반추가축에 동물성사료의 급여를 중단하고, 유럽으로부터 동물성사료의 수입을 전면 금지하고, 쇠고기 및 양고기의 수입을 금지하는 등의 조치를 취하였다.

5) 기타 바이러스성 인수공통전염병

위에서 설명한 것 이외에도 바이러스성 인수공통전염병으로는 소의 두진(Cow pox), 가성우두(Paeudocowpox virus), 전염성 농창(Contagious ecthyma), 수포성 구내염(Vesicular stomatitis), A형 인플루엔자(Influenga type A), 일본뇌염(Japanese B encephalitic), 뉴캐슬병(Newcastle disease), 림프구성 맥락수막염(Lymphocytic choriomeningitis, LCM), 라사열(Lassa fever) 등이 있다.

5. 기타 인수공통 질병

1) 진균성 질병

진균성 질병으로는 아스페르길루스균증(Aspergillosis),자이고진균증(Zygomycosis)

크립토콕커스증(Cryptococcosis), 칸디다증(Candidiasis, Moniliasis), 스포르트리쿨증(Sporotrichosis), 콕시디오이데스진균증(Coccidioidomycosis), 블라스토미스진균증(Blastomycosis), 리노스포리듐증(Rhinosporidiosis), 히스코플라스마증(Histoplasmosis), 하플로스포랜쥼진균증(Haplomycosis), 피부진균증(Dermatomycosis) 등이 있다.

2) 리케차 및 클라미디아성 질병

리케차 및 클라미디아성 질병으로는 발진열[(Endemic, Murine, flea-borne) typhus], 홍반열군(Spotted fever group), 리케차두창(Rckettsial pox, Vesicular rickettiosis), Q열(Q fever), 앵무병(Psittacosis, Ornitosis, Parrot fever), 츠츠가무시병(Tsutsugamushi disease, Scrub typhus, Mite borne typhus fever) 등이 있다.

3) 인수공통기생충 감염증

인수공통기생충 감염증에는 원충성 감염증과 연충성 감염증이 있는데 연충성 감염균은 흡충류, 조충류, 선충류가 있고, 인수공통 외부기생충성 감염증(Ectoparasitic Zoonoses)이 있다.

그 중에서 사회적 문제가 되고 있는 몇 기생충 감염증에는 아메바성 이질(Amoebic dysentery), 간흡충증(Clonorchiasis), 폐디스토마증(Paragonimiasis)이 있다.

인수공통원충성 감염증(Rotozoan zoonoses)에는 톡소플라즈마증(Toxoplasmosis)과 발란키듐증(Balantidium dysentery)이 있다.

인수공통연충성 감염증(Helmintho-zoonoses)에는 흡충류에 의한 간질증(Fascioliasis), 조충류(Cestoda)에 의한 광절열두(Dibothriocephaliasis), 무구조충증(Taeniasis saginatus), 유구조충증(Taeniasis solium), 포충증(Echinococcosis, Hydatid disease) 등이 있으며, 선충류(Nematoda)에 의한 회충증(Ascariasis), 유충이행증(Larva migrans), 아니사키스증(Anisakiasis), 분선충증(Strongylodiasis) 등이 있다.

인수공통 외부기생충에는 벼룩(*Aphaniptera* spp), 모기(Culicidos), 파리(Fly), 진드기(Acarina) 등이 있다.

- 참 고 문 헌 -

강대진 외, 1991, 축산학개론, 선진문화사.

강면희, 1994, 한국축산수의사 연구, 향문사.

강민수 외, 1998, 애완동물, 선진문화사.

강신성 외, 1991, 교양생물학, 아카데미서적.

김동암, 1983, 사료작물, 선민문화사.

김명원 외, 1999, 생명과학, 라이프 사이언스.

동아백과사전, 1990, 두산동아출판사.

명원재 외, 1996, 사료자원학, 향문사.

민태기 외, 2000, 생명자원학, 대구대학교 출판부.

박원길, 1996, 몽골의 문화와 자연지리, 두솔.

박항균 외, 1993, 4정 가축번식학, 향문사.

손시환 외, 2002, 동물유전의 이해, 선민문화사.

손제영 외, 1986, 가축생리학, 신진문화사.

송영한, 1996, 가축행동학의 이해, 이공월드.

송해범, 1997, WTO체제를 이기는 흑염소, 대구대학교 출판부.

송해범 · 조익환, 2002, 동물과 환경, 대구대학교 출판부.

이병훈, 1994, 동물행동학, 아카데미서적.

이주삼 외, 1995, 신고초지학개론, 향문사.

이효원 외, 2002, 사료학, 한국방송대학교 출판부.

임진숙 역, 2002, 고기(욕망의 근원과 변화-Nan Mellinger 저), 도서출판 해바라기.

장현갑 역, 1988, 동물행동학, 민음사.

정길생 외, 1995, 가축번식생리학, 선진문화사.

주선태, 1996, 식육의 기초지식, 미트저널(주).

한국동물자원과학회, 2002, 한국동물자원과학회 종합 심포지움, 순천.

한국영양사료학회, 1994, 사료와 영양, 선진문화사.

한국축산연감, 2007, 농수축산신문.

한국축산학회, 1998, 축산용어사전, 농림부.

한인규 외, 1975, 가축영양학, 문운당.

한인규 외, 1988, 최신사료학, 선진문화사.

한인규, 1989, 사료자원 핸드북, 한국사료협회.

青木 清, 1990, 動物行動 謎, NHKブックス.

大久保忠旦 外, 1990, 草地學, 文永堂.

扉元敬司, 1992, 動物生産學概論, 川島書店.

正田陽一, 1987, 人間がつくった動物たち, 東書選書.

正田陽一, 1988, ものをつくる動物たち, 東京書籍.

高野信雄 外, 1989, 粗飼料 · 草地ハンドブック, 養賢堂.

戸田 清 譯, 1986, 動物の權利, (株)技術と人間, アール企劃印刷.

宮崎 昭, 1978, 二十一世紀の牛肉を考える, 一りサイクリングによる牛肉つくり。丸内出版.

三村 耕 編著, 1988, 家畜行動學, 養賢堂.

濱中淑彦, 1995, 人間と動物, みすず書房.

西田司一, 1984, 哺乳動物の性比と性支配, 養賢堂.

横山章光, 1996, アニマル · セラピーとは何か, NHKブックス.

Alcock, J, 2001, Animal Behavior: An Evolutionary Aproach(7th eds.), Sinauer Associates Inc., USA.

Appleby, M.C. and B.O. Hughes, 1997, Animal Welfare, CAB international, U.K.

Avers, C.J., 1974, Biology of Sex, John Wiley & Sons, USA.

Berk, L.E. 2001, Development Through the Lifespan(2nd eds.)., Allyn & Baco, USA.

Butler, M. 1991, Mammalian Cell Biotechnology. A Practical Approach. Oxford University Press, U.K.

Cramer, G.L., C.W. Jensen and D.O. Southgate. 2001. Agricultural Economics and Agribusiness(8th eds.). John Wiley & Sons, USA.

Cunningham, M. and D. Acker, 2001, Animal Science and Industry(6th eds.). Prentice-Hall, Inc., USA.

Gillespie, J.R. 2002. Modern Livestock & Poultry Science(6th eds.). Delmar Publishers, U.K.

Givens D. I. et al. 2000, Forage evaluation in ruminant

nutrition. CABI Publishing, U.K.

Hafez, E.S.E. 1993, Reproduction in Farm Animals(6th eds.) Lea & Febiger, USA.

Hemsworth. P.H. and G.J. Coleman, 1998, Human-Livestock interaction(The stockperson and the productivity and welfare of intensively farmed animals). CABI International U.K.

Herren, R. 2000, The Science of Animal Agriculture(2nd eds.). Delmar Publisher (International Edition), U.K.

Hickman, C. P., L. R. Roberts and A. Larson, 1998, Biology of Animals. McGraw-Hill (International Edition), USA.

Hickman, C. P., L. R. Roberts and A. Larson, 2000, Animal diversity(2nd eds.). McGraw-Hill (International Edition), USA.

Miller, G.T. 2002, Sustaining the Earth : an Integrated Approach(5th eds.). Tomson Learning Inc., USA.

Nielson, C. 2001, Animal Evolution, Internationships of the Living Phyla(2nd eds.). Oxford University Press, U.K.

Pond, W. G. and K. R. Pond, 2000. Introduction to Animal Science. John Wiley & Sons, USA.

Ratledge, C. and B. Kristriansen, 2001, Basic Biotechnology(2nd eds.). Cambridge University Press, U.K.

Redclift, M. R., J. N. Lekakis and G.P. Zanias, 1999, Agriculture and World Trage Liberalisation, CABI Publishing, U.K.

Robert. F. Barnes et al, 1995, Forages, Iowa State University, USA.

Smith, R. L. 1996, Ecology and Field Biology(5th eds.). Addison-Wesley Educational Publishers, USA.

Smith, R. L. and T.M. Smith, 2000. Elements of Ecology(4th eds.). Addision Weley Longman, USA.

Stanford, C. B. and H. T. Bunn, 2001, Meat-Eating and Human Evolution, Oxford University Press, U.K.

Stephan, R. Gliessman, 1990. Agroecology C-Researching the Ecological Basis for Sustainable Agriculture. Springer-Verlag, USA.

Taylor, R.E. 1995, Scientific Farm Animal Production, Prentice-Hall, USA.

http://contl.edunet4u.net/cobac2/scientist/Griffith.html

http://cs.sungshin.ac.kr/~met/SCRAP/CHOSUN/chosun.97_3/m3_19_1.html

http://news.hot.co.kr/2001/11/30/200111301133543611.shtml

http://news.naver.com/news_read.php?oldid=2002072300000087013&s4,339&3=91,484

http://news.naver.com/news_read.php?oldid=2002072900000037013&s=128,1768,1910&e=1346,1843,1982

http://news.naver.com/news_read.php?oldid=2002073000000177002&s=5,1013,1225&e=105,1067,1286

http://news.naver.com/news_read.php?oldid=2002082300000132041&s=57,265,360&e=113,339,444

http://news.naver.com/news_read.php?oldid=2002082800000059045&s=10,681&e=91,825

http://news.naver.com/news_read.php?oldid=20020916000000120002&s=351,600&e=507,674

http://news.naver.com/news_read.php?oldid=2002100100000522002&s=99,395&s=99,395&e=240,495

찾아보기

(가)

(바)

(사)

(자)

(차)

(카)

(타)

(파)

(하)

개정 인간과 동물

2008년 3월 15일 개정판 1쇄 발행 값 14,000원

저 자 김옥진 · 손용석 · 송장호
송해범 · 안종호 · 이주삼
전우민 · 조익환 · 최창본

발행자 양 희 돌
인쇄처 천 광 문 화 사

경기도 고양시 일산서구 덕이동 408-4
發行處 先 進 文 化 社
〈등록 제410-2005-000040호〉
ISBN 978-89-7392-253-6 92520